生活文化史選書

鉄と人の文化史

窪田藏郎 著

目次

はじめに……1

第一章　天空から飛来した鉄は……3

ニッケルを多く含んだ鉄（3）　アムートゥとは？（5）　世界最古の人工鉄は？（8）　キュクロプスと鉄の焼入れ（10）　一目神の遠祖に異説あり（11）　重たい短甲・挂甲（12）　豪華だが実戦に使えたか（14）

第二章　日本の古代製鉄……19

濫觴期の鉄器と製鉄遺跡（19）　吉野ヶ里遺跡の鉄器（20）　『三国志』に見る倭国の鉄器（22）　厖大な鉄製器物の副葬（23）　銘文象嵌刀剣の出土（24）　遥か昔の製鉄は（26）　鉄は日本海を渡って（28）　壬申の乱と鉄・乱の進展と推移（31）　武器調達とその確保（33）　鉄鉱石の産出する山（34）　鉄鉱石から砂鉄まで、さらに湖底鉱石（36）　みすずから鬼板まで（38）　簡単な獣皮の吹子（41）　二つある製鉄年号（43）　吹子の進歩と多様化（44）　弥生時代末期出土鉄器の地域特性（45）

第三章　東北・北陸では文化も人間も受容……47

鉄が北方からの可能性（47）　蝦夷の地で行われた製鉄（49）　北辺の製鉄遺跡（52）　鉄文化　北か

らの南下（59）　北からの製鉄ルートを探る（61）　鉄の加工と物性（63）　地域性のある砂鉄（66）
鉄穴掘りと水選分離（70）

第四章　鉄の生産と利用……………………………………………73
衛府の太刀の材質は斬りながら曲がりをなおす（73）　曲がった刀と巻きつけた剣（75）　曲げて捨てた剣（76）　高炭素鋼の剣（76）　兵仗をもって権益を（77）　天狗草紙に見る僧兵の姿（80）　僧兵は多くの寺院にいた（81）　代表する武具、薙刀（82）　舞草の鍛冶集団（84）　巧みな金工作品と大型鋳物（88）　月山鍛冶（89）　桃山時代の燈籠（92）　鉄鍋で煎って造った塩（94）　銑銭は重いうえに銹と割れで悪評（97）　鋳鉄燈籠に鏨彫り（100）　含有されていた非鉄金属の影響（100）　神鏡は鋳鉄か鍛鉄か（101）　加工の芸は細かいが生産量は少ない（103）

第五章　鉄砲伝来の経緯……………………………………………105
鉄砲の伝来と採用（105）　周辺事情を考慮して（108）　織田信長と小銃戦（110）　小銃戦闘で出色の雑賀・根来（112）　鉄砲の製造水準と効力（114）　弾丸と火薬原料の入手（117）　秀吉の刀狩りで集めた鉄（118）　大坂冬・夏の陣の通説（119）　徳川一族の大名にも（123）　堅鉄の意から鉄産の意へ（126）

第六章　山内の鑪と設備および藩政……………………………………129
山内の鑪と従業員（129）　突出していた鉄師群像（131）　山間に巨大な製鉄工房（131）　天国ではない山内の生活（133）　天秤吹子と技術の合理化（135）　天秤吹子と数々の製品（137）　炉底を鉧塊と誤認

（141）　独でも鑪方式に注目か？（142）　鑪製鉄の進歩と終焉（144）　製鉄用木炭（148）　木炭燃料の特徴（149）　遊牧民の燃料は（150）　築炉と溶媒剤（151）　松江藩の政策的庇護（152）　鉄産に対する藩の徴税（154）　山陽地域での鑪製鉄点描（155）　吹子踏み唄などについて（156）　焼入れ秘伝の和歌（157）

第七章　本格的な大砲戦始まる…………159

大砲の創始と発展への苦心（159）　堺製の超大型砲（159）　大塩平八郎の乱と大筒（163）　欧州から鋳造砲の情報は入ったが（164）　幕末日本における輸入銃（166）　征夷的製鉄論（168）　日本を包囲した黒船とは（169）　幕末の様々な大砲（170）　長州戦争瞬時の敗北（172）　露国でも英国製の大砲（175）　薩摩対英国戦・集成館も半壊（176）　薩摩集成館の鋳砲事業（179）　戊辰の役開幕の砲声（182）　幕府最後の抵抗乱戦（184）

第八章　明治の鉄に対する認識…………189

大量需要が贋造に拍車（189）　斬り込みの直前に（192）　名刀の鍛造も凝り過ぎると（193）　刀と鉄の評価（194）　超貴重品の玉鋼（195）　熱処理が不可欠の鉄刃物（196）　近代の大径鋼管設備でも無理（199）　鉄の使用普及と知識の向上（200）　日本初の海底調査器（201）　鉄分含有の泥漿でも製鉄（202）　鉄滓、苦心の利用策（204）　思い出の反射炉・再三の地震や暴風で補修（206）　流出した鉄滓と銅滓（208）

終わりに…………211

本書編集作業中に著者が逝去されたため、ご遺族、並びに元㈳日本金属学会附属金属博物館の職員で著者の手伝をしたことのある野﨑準氏のご協力を得て編集・校正作業を進めました。

ご協力に感謝を捧げると共に、内容に対する責任は雄山閣編集部にあることを明記いたします。

はじめに

鉄資源は地球表面だけを見ても豊富にある。その上に古代人の文化水準を石器時代より一歩上あたりのものと想定すれば、一応の還元技術を知れば、少量でも容易に作ることができた。その結果は歳月を追って権力者への富の集中となり、古代国家の体制が築かれていった。そして時代を追って生産技術を進歩させた鉄は、人類の生活を向上させるよう農工作業に合理性を齎してくれた。

しかし問題はその反面である。欲望に基づく殺戮という人類を不幸にする強烈、かつ血腥い破壊活動を助長していった。夙に言われている「両刃の剣の誕生」である。それが両々相俟って以降三千年の長期に渡り、人間の露骨に言えば幸不幸を生み出し続けた。もちろん前者に持っていくのが英知なのであるが、残念ながら歴史的に見ると必ずしもそうとばかりは言えなかった。鉄の普及は物質的に様々の文明生活を享受させてくれたが、その反面で建前とは別に、平和という美名の下に覇権獲得のための侵略が次々と行われた。それは多くの人々に対して不安と焦燥、貧困そして心の荒廃まで生じさせてしまった。

近年になって鉄の平和的利用は大幅に増大した。望ましいことであるが、まだ何度もの国際会議などで殺戮兵器根絶の議題が出ており、この地球上から鉄による闘争が消えるのは、いつのことであろうか。

第一章　天空から飛来した鉄は

ニッケルを多く含んだ鉄

隕鉄とは何かについては多くの専門書があるので割愛し、ここでは隕鉄製とされている出土鉄器について簡単に述べる。それにしても近年は南極で収集された数が多い。

天空から飛来した隕鉄（石鉄隕石も含む）で造った素朴な鉄器。その利用に着目したのは多分銅よりも遅く、現時点よりも四～五千年は遡った頃であろう。従って採集され何らかの利用がされていたとしても、ニッケルを含んでいても硫黄分などの影響があり、銹化して旧状を識別できないものもかなりある。落下したままのものと簡単な加工を経たものが、数量的にはかなり採集されているであろう。しかし発見後長い年月を経ていながら、なお天然と人工の分別さえもされないままに、多くは徒に標本箱の中で眠っている状態である。考古学と科学との接点で貴重な対象物が放置されている例は少なくないのではなかろうか。

鉄鋼業界での鉄鉱石の化学分析では、通常ニッケル分にまで及んだ例が少ないため、確かなデータが乏しいという恨みがある。なお高ニッケル含有鉄鉱石の産地を見ると、古代鉄器に関係してくる地域には、ギリシャ東岸やエーゲ海諸島のものなど一パーセント超のものがある。他にメキシコなどでも〇・七九パーセント、南ボルネオ、セレベス、南ロシア、オーストリアでも含有量は低いが何ヶ所かある。またデータは無いがナイル上流東岸などでも予想できる。もちろんニッケル抽出が目的となると、当然ながらニッケル分が高くなってくる。これらが超原始製鉄のあり方に思

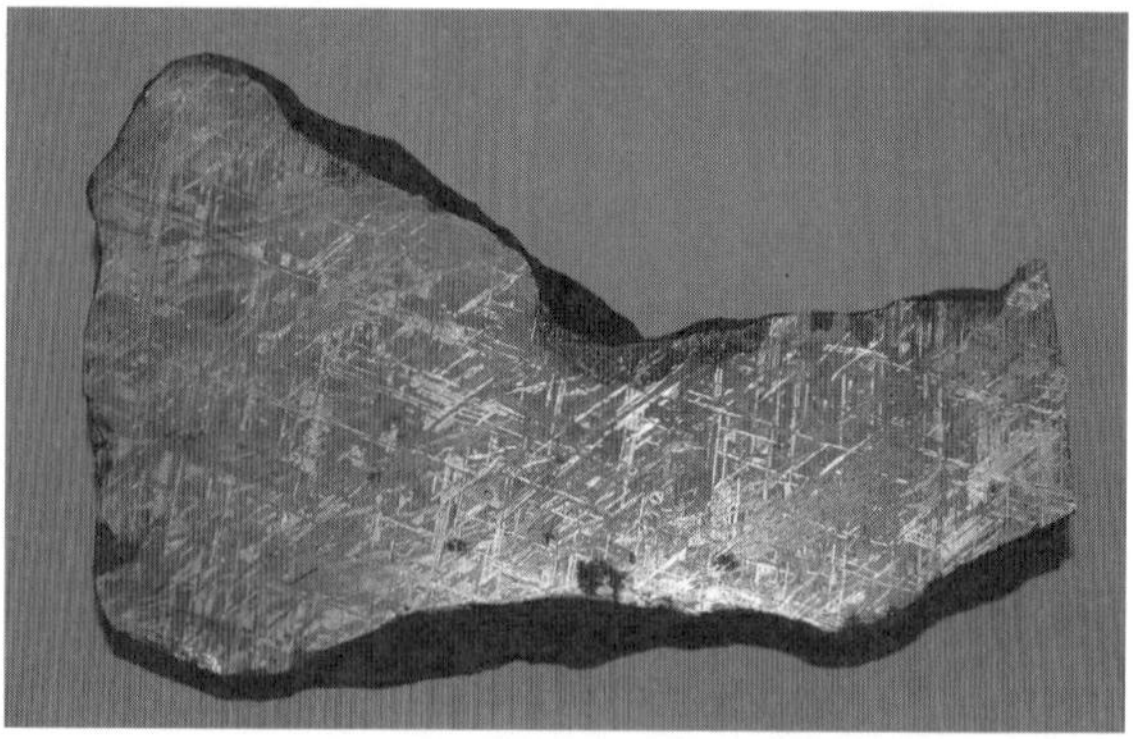

ウィドマンステッテン構造の模様（白萩隕鉄第２号）
（富山市科学博物館蔵）

いを廻らしたとき、関係してくるものであろうか、しないものであろうか。

さらにこの鉱石が人工鉄の創始期に製錬用として使われたとしたら、どのような還元鉄ができたかと言うことである。日本の場合は製鉄の経緯から見ても、資源の面から見てもまず論外であろう。しかし太古に鉄器文化を拡散させたと言うアッシリア人がトルコ、カネシュのカールムで購入していた、アムートゥと呼ばれた鉄器の実態調査や、汎エーゲ海域辺りの「海の民」と呼ばれる製鉄民族からの文化伝達の影響を将来は考慮に加えておくべきではなかろうか。

なお筆者は紀元前後の鉄器で、銅なども多量に含んでいるものを幾つも海外で見かけた。このような非鉄金属類との合金かと思われるような混在は、古代人が鉄源入手に際して地域的関係から、場所によって品質の純粋さという点を軽視していたのではないかと思っている。また紅土鉄鉱にはクロームも混じっており、これらの産出も今後注目する必要がある。

このニッケル含有の超古代鉄器について、隕石起源ではなく人工鉄だと唱えているのがポーランドのピアツコゥスキー博士である。クロアンサイトという鉱物の添加の可能性を主張し、隕鉄製と言われている鉄器のかなりの部分は、人工鉄ではなかろうかと推定しているが、しかしまだこの説を採る学者は少ないようである。

さらに漠然と創始を隕鉄起源では無いと考える人もあるかに聞くが、日本で収集された隕鉄としては滋賀県の田上隕鉄百七十四キロを筆頭に、富山県の白萩隕鉄三十四キロ、それと同時発生と推定された早乙女隕鉄、山形県の天童隕鉄など、更に小さなものを加えるとおそらく三十以上のものが知られている。地方で個人に秘匿されたままの物も多数あろう。海外では六十トン前後のものも南アフリカなどで発見されている。さらにこの二十年ほどの間に発見された南極大陸での隕鉄の量は著しく、またこれを素材に日本では何名かの刀工が和鋼と合せ鍛刀している。

なおこのような隕鉄の成分で特に注目すべき元素に、アルミニウム24がある。これは中性子照射で通常のアルミが変化したものであり、極端に短時間で変質してしまうために二千〜三千年を経過した鉄製遺物の年代測定には、この手法を利用することができない恨みがあり、現在ではまだ理論の段階である。数年前神戸沖に落下した隕石のケースでは拾得後、直ちに神戸大学で測定した結果、その痕跡が確認されたというのが稀有な例である。従って現在ではまだ無いもの強請りであるが、今後測定技術の進展に伴い注目する必要があろう。

アムートゥとは？

トルコのカネシュで紀元前二十世紀頃、鉄らしきものが発見されそれが取引の対象にもなった。それは金の八倍、銀の四十倍の価値があると言われてきた。この超貴重な金属はアムートゥと呼ばれ、周囲の民族からは垂涎の的であったと言う。カネシュの遺跡を見ると他の産物とともにそれを求めて隊商が集まって来たであろうことが想像でき、現地の広大な古代集落（城と商館）の残骸が際立って目立っている。アッシリアとの間で密輸の対象とされたものも珍しくなかった。

放置すれば物によってはすぐ銹び始めてしまう小さな鉄製品に、これほどの対価を支払っても手に入れたいという願望は、筆者はおそらく隕鉄だからであろうと思っている。ニッケルと鉄の冷却温度の違いから生じた、雪か塩の結晶のようなウィドマンステッテン構造が、装身具などに加工して研磨されれば、美しく乱反射して光り、王や王妃の

大隕鉄 30 トン（駱駝程度）
（新疆ウイグル自治区ウルムチ市郊外）

装身具として虚栄心を掻き立てたと思えるからである。

この隕鉄は地球以外の、かつて爆発した惑星の残骸が飛来したもので、大塊から粉塵程度のものまで莫大な量であり、その何百万分の一が地球に到達し落下したものである。ちなみに実際に落ちてきた隕鉄や岩石質を噛んだ石鉄隕石を含めると、大きなものでは六十トンとか三十トンといった物があり、小は数グラム単位や粉塵程度の細粒まである。

少し古い資料であるがクラーク数などを見てもその実態は推測できるであろう。しかし地球上の鉄鉱石の中にも、銅が多かったり、ニッケルやクロームの多かったりするものがあるので、判断は一筋縄ではいかない。何れにしても世界中には結構変わった鉄鉱石があり、古代鉄器の分析では技術が精緻になるほど、隕鉄とされていたものを否定したケースも出ている。

極端なものにはトルコの学者の、アムートゥはガーネット・ざくろ石だとする説も耳にしている。類似した鉄源の話としては接触交代鉱床の磁鉄鉱にガーネットや輝石を伴うスカルン鉱物があるとされており、日本でもかつて釜石鉱山の佐比内鉱床で採集された例がある。また地中海世界では宝石ラピス＝ラズリを人工的に造ろうとして練りガラスの起源となったファイアンスが造られているが、アムートゥもこういった製造物の話が製鉄と混同されてしまったのではなかろうか。これだと加工された出土品の類例にどのようなものがあるか、古代の貧相な技術でガラスのように溶解成型できたかどうか。加工上の問題も生じてこよう。

表１　初期鉄遺物の分析例

遺物形状	出土場所	推定年代	分析結果
小管玉	エジプト　ゲルゼー墳墓	B. C. 3500～3300	Fe　92.50 Petrie, Wainwright, Mackay
鉄器刃	エジプト11王朝 ピラミッド	B. C. 2050～2025	鉄とニッケルの比率　10：1
鉄剣刃部 金製鞘	エジプト ツタンカーメン王墓	第18王朝 B. C. 1340	Dr. Iskander によって調査されニッケル含有量から隕鉄を証明している
鉄器刃　4 n	〃	〃	〃
枕飾金具	〃	〃	〃
三ヵ月形飾板	トルコ アラジヤホユク王墓	B. C. 2400～2200	Fe_2O_3　76.30% NiO　3.06%
ピン （頭部は金）	〃	〃	Fe_2O_3　72.20% NiO　3.44%
矛先の飾り ２個	トルコ　トロイ宝庫	B. C. 2400～2200	Fe_2O_3　Fe_3O_4　NiO a　72.94　6.05　2.44（%） b　62.02　0.84　3.91（%）
工具破片	イラク　ウル王墓	B. C. 2500	Fe　89.0% Ni　10.9%
鉄器破片	イラク　ウバイド墳墓	B. C. 2900～2400	Prof. Desch が隕鉄からのものと発表
斧頭	シリア ラス・シヤムラ小神殿	ウガリット王朝 時代 B. C. 1450～1350	Fe　84.95%　Ni　3.25% S　0.192%　P　0.39% C　0.410%　FexOx　10.80%
護符	クレタ島　ミノア宮殿	B. C. 1600～1400	鋸刃状の跡があったとされている

注）アラジヤホユクの黄金装鉄短剣も層位から考えれば隕鉄と考えられるが未調査のため不掲載

ロバート・マデン博士（当時ペンシルバニア大学教授）が日本鉄鋼協会のトランスアクションVol. 15, 1975に寄稿された論文「Early Iron Metallurgy in the Near East」の中で使用されている、中近東出土の隕鉄製と推定された古代鉄器の表を要約したものである。その後の考古学界の発掘はしばしば鉄器の発見を報じているが、文化財としての保存のため化学分析を経るものが少なく、また調査遺跡がほとんど鉄器時代に入ってのものなので人工により製錬した鉄器破片が多い。

パキスタンのフンザ地域で僅か十分間に二〜三十顆のガーネットを採集できた筆者には、これから超貴重品のイメージを察知することはできないが……。

なお隕鉄に含有されているニッケル分は、プライオールによれば六パーセント以下のヘクサヘドライト、十二パーセント以上のアタキサイト、中間の七〜十二パーセントといったオクタヘドライトに分類されている。しかし南米のチリやブラジルなどでは二十〜三十パーセントを超えたものもある。ニッケル分が少ないとウィドマンステッテン模様は見られず、ノイマン線という平行線模様ができる。これを学者によっては人工鉄だと判断する向きもある。宇宙を飛来し運良く地球に到達して古代人に拾われた僅かの隕鉄。太陽系惑星も完全には解明されていない今日、まだまだ「たかが隕鉄」でも問題は少なくない。

世界最古の人工鉄は？

世界で最初に人間が鉄を造ったのは何処か？　通常はトルコ中央部のヒッタイトの国と言われてきたが、現地で聞いてみるとハッティ人と呼ばれるその従属工人だとしている。トルコも南部にある地中海東端のアダナ市では、ウーリアンつまりフルリ人だと言われた。近年ではこれらの話や遺跡から総合的に勘案して、ミタンニ王国が構成された辺り、換言すればメソポタミア北部が発祥地と推定されている。しかしまだこの国の首都も発見されておらず、証明するに足る遺物も発見されていない。

ウーリーの書いた『ウル』（瀬田貞二・大塚勇三先生訳）によると、バグダート市の南方にあるジャムダト＝ナスル（出土物の年代的にはトルコのアラジャ＝ホユク遺跡の黄金装鉄剣に若干先行する）で、赤鉄鉱が発見されたことを記している。ここは紀元前三千〜二千五百年頃の遺跡と推定された場所である。しかしこの赤鉄鉱は材料が緻密なうえに綺麗な赤褐色なので、ネックレスや円筒印章の材料としたものであって、金属としての鉄を製錬し取得するために使ったものとは考えられていない。また紀元前二千年前後のウル第三王朝の古記録に「あらゆる種類の皮革、宝石職人からの金銀、鍛冶屋からの銅の受け取りがある。ある部屋では溶鉱炉を一つ発見し」云々ともあった。このような溶鉱炉の存在を示す記載から、短絡的に前記赤鉄鉱を製鉄に結び付けて、製錬作業の嚆矢と考えたのではないだろうか。

しかも立地的にここには鉄鉱石の産出も無く、四千年の間に地形が変わったにしても、極度の低湿地であり、鉄の還元作業をやるには基本的に無理がある。なお百年以上も前の、外国の発掘者に果たして鍛冶炉と製錬炉を見分けることができたであろうか。また粘土壁の建物内にしても、天井にはポプラ樹やヤシの葉が多く使われており、鉄を還元し、あるいは溶解するには炎の上りから考えて火災の危険がある。可能性は薄いが小規模の青銅鋳造か鍛冶工房を誤解したのではなかろうか。

もっとも、エジプトでもよく知られたツタンカーメンの鉄よりもっと早い、ピラミッド建設の時代でも確かに鉄器を使用していたと言われている。しかしイタリア人ジョヴァンニ・バッティスタ・ベルツォーニの発掘作業経過を詳述した手記（一八二〇）でも明らかなように、当時の研究者の関心を引き付けないような出土品は、一括してガラクタとされ邪魔者扱いになってしまっている。そうした点から貴重な鉄器の銹びた断片なども、特に注意を引いた形状の特別な遺物以外は、それらのものと一緒の運命にされてしまったと思われる。

もっともこのベルツォーニ氏は英国に渡って大道芸人をしており、一攫千金を夢見て探検家になった人物と言われている。こうした経歴から考古学界では山師扱いをする向きもあるが、後年エジプトでラムセス二世に関連する神殿遺跡を発掘するなど情熱だけでは到達できない域に達している。学者の批判のように出土遺物に対する調査が粗漏の誹りを免れないにしても、かつての発掘は大部分宝探し的要素があり、トロイを発見したシュリーマン同様に、彼の実績については認めるべきであろう。

アムートゥと呼ばれた先史時代の超高価な鉄は、人工鉄ではなく僅かな研磨加工によってウィドマンステッテン構造が輝いた隕鉄を指しているものと筆者には思われる。

キュクロプスと鉄の焼入れ

遺跡から出土した刀剣や槍・斧などの金属質の遺物に熱処理してあるかどうかを調べ、紀元前何世紀頃から既に高度な技術が駆使されていた、などと発表されている。しかしそうしたテストを実施できる出土鉄器のサンプルは幾つもあるものではなく、またそれができる人は立場上超幸運な人である。

古代の極く原始的な冶鉄技法で刀剣などが鍛造された後、技術的に意識してではなく偶発的に冷却されても、放置された条件によっては放熱との落差などによって、素朴な熱処理ができるものと想見することができる。工人の自然体験である。したがって焼入れ焼戻しの技法として完成が見られる以前に、そうした工人がまだ技術としての意識をしていない段階で、硬軟など部分による違いが生じたであろうが、自然発生的な冷却もあったものと想像しても、それはそれで間違いではないであろう。またその改良が後に熱処理技術の進歩発展につながったものと思われる。

この熱処理の最も古い話としてギリシャ神話の『オデッセイア』第九章に、一眼巨人キュクロプスが失明する経緯についての話がある。「火の神ウルルカヌが燃えさかる薪木（オリーブの丸太）」を目の中に突っ込まれて失明するのだが、その情景描写には「あたかも鍛冶屋が大斧か手斧を焼入れするように」とある。恐らく若干は後世になっての追補であろうが、確かに焼入れは古くから鍛冶屋の必須技術として知られていたことが推測される。

このキュクロプスについてヘロドトスは、著書『歴史』の中で「黒海北岸のスキタイ人の居住区のさらに北方に、イッセドネス人が住んでおり、さらに奥地に行くと一眼人のアリマスポイ人が住んでいた」と書いている。神話が現実のものと考えられるとこんな話にもなってくるのである。もっとも地図の上でプロットするとバイカル湖の辺になり、匈奴を中心に東胡、月氏などの地に相当するところである。

こうした話は日本にも古くから存在している。『記紀』の神鏡鋳造の場面がそれであるが、『古語拾遺』の著者忌部広成は「天目一箇神」が「雑刀《くさぐさのたち》、斧《おの》、そして鉄鐸《くろがねのさなぎ》」を造ったと記している、その神名には一脈通ずるものを持っている。奈良時代の執筆としても、この創始はどこから流伝してきたものであろうか。

神社としては三重県桑名市の多度神社の別宮に一目連神社があり、兵庫県西脇市の平野神社なども本神を祀っている（本神については小著『鉄の民俗史』に詳述している）。

民俗学的には鑪師が製錬の火を片方の目だけで見つめ続けたため、一眼を悪くしてしまったのだと言う説が強いが、鍛冶ならばとにかく若干牽強付会の説ではなかろうか。永年の個人的な経験技術であり、もしそうした事故が発生すれば、当然不十分でも予防措置が取られたはずである。それに職人が片目で仕事をするのは何も鑪師に限らず、樵や大工、指物師などが曲がりを見るときに使うことも少なくない。

一目神の遠祖に異説あり

米国のドーバー社で発刊された『幻想と神話の中の生物』では、良く知られたイラク・カファジェ遺跡で発掘のキュクロプスが研究テーマに上がっている。発見当時から向日葵《ひまわり》形のこの一眼の怪物は、ギリシャ神話に出てくる焼入れを表すというキュクロプスの偶像と推定されている。

しかし同書では肝心の眼が一つではなく、額の一つ目は仏像の白毫《びゃくごう》のようなものと理解して描かれている。多分作図者の主観からこうなったものと思われるが、しかし、もしこれが事実だとなるとギリシャ神話での、製鉄技術の伝承に主要な役割を果たしてきた、この一目伝説のルーツが脆くも崩れることになる。欧米の博物館にでも出土時の遺物が残っていれば良いが、イラクの何処かにあったとすると、今次の戦乱で失われているのではなかろうか。もう一度実物を検討して単眼か両眼かを精査する必要があろう。

重たい短甲・挂甲

ギリシャの第二の都市でマケドニアの首都テッサロニキの博物館に、ヴェルギナ第二墳墓主室から発掘された鍛鉄製の胴鎧がある。これはアレクサンドロス大王の父・フィリッポス二世（在位前三五九～三三六）の使用したものと伝えられている。金の小さなライオンの飾りが表面に六個ついている、薄鉄板の曲げ加工で幾らかの鋲継ぎがされたものである。そのようなシンプルな鉄鎧は、日本では弥生時代の墳墓からも出土していない。日本の場合鎧が韓国伝来の様式であることは言うまでも無いが、古墳出土品を見ると既に短甲の場合には体形に順応するよう薄鉄板を鋲止めする技法を活用しており、この時代に存在した加工技術の極致とも言える。短期間によくこれほどまで技術が進んだものである。

挂甲は短甲着用時の不便さからの改良により発達したものと思われるが、いずれにしても多数の小鉄板を主体にして造られているからには、実戦に際して短甲より機能性はよいとしても、厚さや重なりで重量が多くなる点を考えねばならない。こうした点に配慮すると当然戦闘での使い難さから、重量軽減の要求が出てくるのは至当のことである。そのために小札を鉄片と革片で交互に配列した場合もあった。これだと軽くなるだけでなく伏兵や夜襲戦のときに相手方に擦れる音の聞こえない利点もある。

むしろこれらの鉄製鎧が出現する前に革鎧や布鎧があったことが想像できる。調達の容易さからもそのほうが順当

ギリシャ・マケドニアの鎧
（高橋淑人氏撮影）

であろう。やはり鉄鎧のような甲冑は、豪族クラスが権威の象徴として、軍陣での威勢を示すために着用したものではなかろうか。古代の実戦を想定すれば、中皿程度の大きさの心臓部を覆うようなものでも事足りたはずである。『正倉院文書』の尾張国正税帳には、挂甲一領当たりの値段が新稲百束となっている。十把一束としても、おそらく玄米に換算したら一石五斗か二石程度になるのではなかろうか。この値は上級の武人でも簡単に入手できるものではなかったであろう。

まして『日本書紀』孝徳天皇の大化二年に記されている「凡そ兵は人の身ごとに刀甲弓矢……を輸せ」などは、地方からの防人の立場では到底入手できず、まさに空文だとも言えよう。『続日本紀』の宝亀十一年（七八〇）には、蝦夷など騒乱の世相を反映して、甲冑を整備せしめる勅令が出ているが、それは径年のため髹革の劣化や各種緒の解《ほつ》れ、さらに鉄板の漆や革の剥落・銹化といったものの、補修に重点が置かれている。この記載からは革甲が中心で伝世の鉄甲は従たる扱いである。

末永雅雄博士は『日本上代の武器』で「防御用武器としての楯は、甲冑とともに鉄製と理解するが、木製や皮革製もその効果に遜色がないため、材料としては鉄よりも多かったと考えねばならぬ」と述べている。鳥居龍蔵博士が『人類学上より見たる我が上代の文化』(一)に所収の、西蔵人(チベット人）の札甲を着けた写真もよく見ると革甲のようである。『周礼』の考工記には、犀甲、兕甲（一角獣)、合甲などの名で、鎧を造っていたことが書かれており、その鎧は百年から三百年使えたとしている。

こうした原始的な鉄剥き出しの甲冑による戦闘が、後に馬上での一騎打ちから足軽雑兵の槍と鉄砲による乱戦の時代へと移り変り、その影響で豪壮な大鎧からさらに実戦的な当世具足へと、長い年月をかけ多くの工人達によって工夫・改良が施され、今日に伝えられたような鎧兜が出現したのである。

【補註】

短甲は組み立てに精緻な鋲止めを施しているが、さらに着脱に際して蝶番で横開きができるようになっている。古墳時代にここまで鉄を加工することができたのかと、その細密な技術水準には驚かされる。

豪華だが実戦に使えたか

一般に鎧といえば武将が用いた式正鎧、いわゆる絢爛豪華な大鎧がよく知られている。平安時代前半期に始まった武士の台頭とともに、挂甲から脱皮して年を追って発達したものである。それらは現在各地の神社に伝世している優れたものがあるが、歴史的には江戸末期に奉献された復元品が少なくない。薄鉄板や革の板を用い絹紐や革紐で、綴り合わせ組み上げたもので、目立った部分は鉄板を染革で包んだものなどが使われている。型式に囚われた機動性の無さを考えると、鎖帷子と異なって戦闘での馬上の着用に、どの程度用いられていたものであろうか。時は移り二回の元寇を経て五十年、文保の和談決裂(一三一七)以後全国的に多くの武家層が、帰趨を求めて不穏の情勢を醸しだし、正中の変(一三二四)に始まり終末も見えない応仁の乱(一四六七~七七)を中心に、六百年以上続いてきた都を焼け尽くす乱世となった。また応永二十六年(一四一九)には北方からの外寇もあった。こうした常在戦場の時代となると、とうぜん武具の需要は増大し実用が求められた。鎧も重厚豪華なものから臨戦的なものへと変わり、戦闘に寧日のない武将達は実用性の高い胴丸を使用した。これを当世具足と称している。

一方十六世紀に入ると西欧文化の影響で、ヨーロッパ式の鎧型式が流行しわが国の武将の中にも、これに草摺を取付けたり鉄板の打出しや縦矧の胴の正面部には、華麗な象嵌や漆蒔絵などを施した、ニュースタイルの南蛮胴を珍重する武将も現れた。なおこの種の胴で実戦に使用したと伝えられ、正面に銃弾疵のあるものは鉄砲鍛冶が試作披露に使った、近距離での御前試射によるものが大部分である。

いずれにしても、これらの鎧は製作に莫大な経費が掛かり高価なので、戦闘終了時には地元民による武具拾いが横行し、またそれらを買取る具足屋などの商人が出没していた。先祖伝来と称する鎧がままあるが、それらは余りにも高価なところから、新品の購入が不可能なため補修を繰り返した結果、家宝として古い型式で残ったものである。

鎧の重量などは簡単そうなのに計測例があまりなく、立派なものは素人では到底手も触れることができない。極く乏しい資料を拾ってみたところ、大鎧を本格的に造ればかなり重くなるが、当世具足を経て太平に馴れた江戸中期以降は、前記の通り形態的にも軽量化を計っている。また制作面では安価＝手抜き、高価＝虚飾付加という方向へと進んだ。足軽クラスでは大分軽い和紙製のものが用いられていた。榊原香山の『中古甲冑製作弁』には実用的なものでも「軽きを良しとす。胴と兜は少し重かるべし」と書かれている。江戸中期の著書だが戦時の着用に配慮しており、まさに実態を知り的を射た記述である。

製作にあたって使用する鉄について、同書は選択や鍛法を詳述しているが、その部分の書出しで簡潔に「表剛鉄、裏熟鉄」と記している。単なる熱延薄板のようなものではなくて、表は鋼を使い裏は軟鉄を用いることが必要としている。つまり複合鋼鈑である。表は石見の出羽鋼を最上としているのは、鉧塊が自然放冷ではなく水中冷却であることが関係しているのであろうか。裏は古鍬鉄に宍粟鋼を二割余り、鍛打混和したものとされている。さらに極く薄い鉄板でも日本刀と同じような、折れず曲がらずの柔剛合せもつ工夫がされており、それは鍛伸作業による鉄の場合でも柾目・板目の性質を熟知し、それらを交錯させて鍛造圧着している。臨戦時の飛び交う矢玉に上物になるほど十分な注意を払っていたことが分かる。

高級品はこうして製作されているわけであるが、最も戦場を駆け回る足軽達のものはどうであろうか、桶側胴で見ると笠兜刀合わせて概算十三キログラム、これに薬品、弁当、旗竿まで入れれば十六～十七キロになる（この場合、胴・草摺・佩楯は革製、鉄なら約二十キロ超）。上級武士で上等の鎧なら鉄製部分が幾分厚くなり、半頬なども加わるから二十三～四キロ程度になる。連尺胴が実戦用で別名仙台胴・雪下胴ともいわれているが、これは鉄板の厚みや縦長な胴部被覆部の広さなどの点で、胴の下部に紐を肩から回して目方を分散させる孔がある。当時鎧の中で最も重いものだったようである。

東京国立博物館の伊達政宗の雪下胴の調査では、全面の鉄板が厚く胴と草摺だけで約十三キロあると言う。

松平楽翁の著した『集古十種』に、小札は革二枚に鉄一枚で造ることが記されている。古式床しい神社の奉納の大鎧を着けたら、動きが取れなかったと言う話はよく聞くが、この種のものは三十六キログラムもあったという。

江戸初期の寛永年間に著された随想集、『尤の草子』の「ものは尽くし」によれば、「重きものは……試し兜に具足、鎖袴」という箇所がある。戦いが終結して平和が続いた時代になると、ものごとすべて形式に捕らわれてしまい鎧兜にしても無闇に重いものを造って、試しに着てみたらその結果は歩くことができず、お飾り物で実用にはならなかった、と言う何とも締まらない話である。観光地で見る鎧兜はプラスチック製で大体この半分以下の重量である。

ちなみに現在城下町で観光用に用いられている甲冑の重量は大人用のものを実測した結果、胴・袖・草摺が五・五キロ、脛当が〇・八キロ、篭手が一・二キロ、兜二・〇キロ、それに刀が一・三キロで合計十・八キロであり、昔の本物がいかに重たかったかが分かる。

甲冑には知識の浅い著者なので、本稿では深入りせず鉄の面からのみ略述した。

【補註】

（一）平安・鎌倉時代と室町時代では、戦闘の様式は全く変貌している。馬上戦から徒歩戦へと変わったからである。その影響で鎧の仕様も豪華追求から実戦用一辺倒に向かい、当世具足もさらに腹巻、胴巻など軽量化を指向した。挂甲の小札にしても他の部分にしても、現代の冷間圧延機で伸ばしたような薄い鉄板が、使用されていると連想したら間違いである。手作業の鎚打ちでは厚さにも限界があり、なかなか均一なものに造るのは難しかった。部分的に叩き過ぎて薄くしてしまい孔のあく寸前になって、麻布や木屎で固め漆で分からぬよう仕上げたものすら残っている。鍛造の仕上げは理論は知らず冷間鍛打で生ずる加工硬化に期待したものと思われる。

（二）松尾芭蕉の残した有名な句集『猿蓑』に所収の

むざんやな甲の下のきりぎりす

は、寿永二年（一一八二）に木曾義仲と戦った斎藤実盛が着用していたものと言われている、白髪の頭に戴いた菊唐草の豪華な兜を小松市（加賀の小松の上本折町）の多田神社（保存場所）で目の当たりにして、痛ましいことだと感傷にふけっている名句である。

しかしそれは芭蕉が回遊の徒次立ち寄った元禄二年（一六八九）の当時には、すでに五百年も昔に遡る話であって、廃墟の戦場は疾くに開墾されていたであろう。それにしてもすでに戦闘直後に、近傍農民達によって戦場掃除（遺品拾い）で金目の物はすべて持ち去られ、利に聰い古物商人に売り払われてしまったはずである。

また黒鍬者の走りのような連中は利があると知って、鬼哭啾々とした廃墟で、昔から刀剣・甲冑などを拾い集め、余得稼ぎに暗躍していたであろう。

後年買い上げられ宝物として神社に収められ、手入れされて展示されたものであろう。本物であったにしても、長い年月土中に半ば埋もれた形であったなら、兜の鉄の部分は薄いので銹びて朽ち果て、ボロボロになっていたであろう。復元加工が必要である。

すでに兜の下で鳴く蟋蟀の情緒は消え去ってしまっている。加賀の荒野を吹き渡る蕭条とした秋風に、筆を執った俳人の心に実盛を悼む情味が髣髴として湧き上がり、物の哀れを掻き立てたことと思われる。もっとも芭蕉自身もその辺りを了承していたとみえ、師弟での間の手紙では、私的に実情を了解していての発句であることを書き残している。

第二章　日本の古代製鉄

濫觴期の鉄器と製鉄遺跡

熊本県玉名郡天水町尾田斉藤山貝塚出土の鉄斧先端部は、鍛造とされてきたが鋳鉄製で脱炭処理が施されていることが判明し、日本最古の弥生初期の舶載品と推定されてきた。

しかしその後の発掘調査でもう少し年代が遡上し、縄文終末期と推定されたものが発見された。福岡県糸島郡二丈町にある曲り田遺跡の十六号住居跡から出土の鉄片、北九州市小倉南区の長行《おさゆき》遺跡の、長年土中していたにしては割と状態のいい鋳鉄斧がその代表である。

この他にも弥生前期の鉄器は春日市岡本四丁目遺跡（刀子）や津谷崎町の今川遺跡（鉄鏃）、それに山口県の綾羅木郷遺跡（破片）などから数点が発見されている。

その後は弥生中期以降、鉄器の発見例は飛躍的に増大し、この時期を境界として石器の衰退、鉄器の増加が見られ、成長期の原始社会は一気に変貌を遂げていく。北九州では刀剣類など武器では有名な須玖岡本のものや、東背振村二塚山遺跡のものなどが知られ、小さな鏃や農具などは各地で多数出土している。後述する吉野ヶ里遺跡は鉄器使用の増加した過渡期の、代表的な様相を示している。中国山東半島、南韓さらに壱岐・対馬とは至近の地であり、容易に鉄文化が流入してきたことは想像できる。それにしてもこのような、弥生文化期に対応する製鉄遺跡は非常に乏しく、年代判定が難しいうえに発表されてもなかなか正式な報告書が公刊されるに至っていない。

こうして古墳時代を経由して、奈良時代の量はまだ少ないにしても、実用化し広範囲に普及していった鉄器を示している遺跡へと連なっている。住居跡や古墳などから鉄刀や農工具などは全国的に多数出土しているが、さて古い製鉄の遺跡となると、特に弥生期などはなかなか発見されないものである。従来の通説では鉄の製錬遺跡は六世紀末辺りからと言われてきた。そこでそれ以前に遡ると発表されたものを拾ってみると、もっとあるだろうが目についたものに次のような遺跡があった。

山口県新南陽市　御家老屋敷古墳　四世紀頃　製錬鉄滓　炉遺構なし
広島県三原市　小丸遺跡　三世紀末　円形炉遺構
福岡県添田町　庄原遺跡　前二世紀頃　金属溶解半地下式方形竪形炉四基

吉野ヶ里遺跡の鉄器

近年考古学ブームを巻き起こした発掘調査の一つが、この佐賀県神崎郡の神崎町と三田川町にまたがる、弥生式文化時代の後期（一〇〇～二五〇年位）のものを中心に、以降奈良時代辺りまで及んだ吉野ヶ里遺跡である。

遺跡は筑後川中流の北側、東背振山地の南に横たわる吉野ヶ里丘陵付近にある。二重に濠を廻らせた環濠集落で経済的に恵まれていたと見え、竪穴住居も多く望楼や高倉式の倉庫も備わっていた。しかしこれだけ恵まれた弥生時代の大集落にしては、全体的に見て鉄器の少ないことが気にかかった。遺跡の全貌は専門の調査報告書に譲るとして、ここでは調査委員会事務局の御好意で特に見せて頂いた鉄器類についての印象を記しておく。

現地ではかなりの量の出土物を見ることができた。拝見させて頂いた鉄器のうちの主要なものが次頁の写真のものである。

吉野ヶ里遺跡出土鉄器
（左：農具、中：鉄剣、右：鉄鍬）
（佐賀県教育委員会提供）

鋤・鍬や斧、鎌の刃先など農具類が主であるが、これらは一部土木工事にも使われたはずであり、刀子《とうす》や小形素環頭刀子と呼ばれるものはナイフである。鋤鍬の場合は還元鉄の鉄板を簡単に火造りしており、斧には鋳造（加熱処理の採否は不明だが）のものがあった。小型の刀子は形状から見て木地用の鉇《やりがんな》のような役割を果たしていたものもあろう。素朴な回転轆轤が存在していれば当然のことである。武器に移ると、鏃は石製が多く大部分が逆棘をもっており、矢柄に挟んで固着させる無茎式であるが、鉄製は鍛造品で扁平やや楕円を帯びた有茎式、また逆棘は採用していなかったようである。王侯の座右に弓と一緒に飾ったか侍臣が持っていたものか、権威の象徴と見えて巾広で余り鋭さは感じられなかった。戦闘での殺傷には専ら石鏃や竹鏃を用いていたのではなかろうか。投石などもあったかも知れない。

最後に疑問は、絢爛豪華な青色ガラス管玉の冠を持つほどの王侯が、何故青銅短剣を持っていて鉄剣を持っていなかったかである。例外的な極く小さなものが一～二に過ぎない。付近の権威の表徴である弥生中期の墳墓では大小の差はあれ鉄剣を出土しているのに、ここで鉄製武器の乏しい理由が不可解である。

古墳時代初期の農工具などは、技術的水準の低い時代は造形した鉄を少し赤めた程度で、水焼入れをする位のもので良かったであろう。

『三国志』に見る倭国の鉄器

『三国志』の魏志倭人伝によれば、倭国の生活水準は原始的な割には整ったものになっていたようである。しかし上下の階級差は甚だしく、鉄器については近年までのシルクロード奥地などの使用水準から考えて、底辺近くの人々は小さな刀子一本、火打鉄一個程度でも、手にすることはなかなかできなかったものと思われる。木材切削用の斧などはその最たるものであろう。手にしたとすれば土豪に隷属して労働する場合に、拘束されて貸与された程度ではなかろうか。

同書に書かれている鉄製品は、弓の矢柄は鉄製で鉄の鏃を着装し、骨鏃も用いていた（鳴鏑も含まれる）とされている。とすれば矢柄を造るナイフなども当然あったはずである。武器は刀剣が現れず矛のみの記載であるが、これは卑弥呼の宮殿で見た守備する兵士達の印象からではなかろうか。いずれにしてもこの水準のもの一式程度は、既に調達できていたはずである。この場合は邪馬台国を九州に仮定して記した。

景初二年（二三八、三年（二三九）の誤りともされている）倭からの使者難升米に対し魏の明帝は、親魏倭王（大月氏国王と同等の地位）に任じ数々の賜物を与えているが、その中の五尺刀二口は、魏尺で一尺二十四センチとして通長百二十センチであり、親魏倭王の証として金印・紫綬を与えられたとき、錦《にしき》（絹織物）、罽《けい》（毛織物）、鏡などの品々と共に下賜された貴重品で、明らかに権威の象徴であり儀刀である。正始元年（二四〇）の賜物には単に刀とのみ書かれているだけで詳細は不明である。こうした公的な事例の他、「島は大陸を模倣する」という言葉があるように、長い年月の間に島国日本にはいろいろの文物が、鉄もガラスも絹も、その他宝石や工芸品もが、人間と共に、或いは単独で船載品としてもたらされてきている。帰化か渡来かなどといった難しい政治的解釈とは関係なく、異国の商人達は土匪や波濤・流砂の危険も顧みずに、利のあるところは何処へでも出かけて来ていたのである。

厖大な鉄製器物の副葬

大阪府藤井寺市の古市古墳群の一つ墓山古墳の陪塚で、大量の鉄製品が発見された。長剣、鉾、鏃を含み、合計では二千二百点に達していて、細長い大きな木製容器に武器類と農工具類に分けて収納されていた。陪塚であるから人物の埋葬はなく、五世紀頃の大王の権力を物語るため、生前の愛用品と従属豪族が奉献したものを埋めたと推測された。この時代では仮に鉄器生産があったにしても、まだ緒に着いたばかりと考え、少なくとも素材の鉄は舶来品と想定された。

このほか鉄製武器を大量に埋葬した古墳では、藤井寺市の野中古墳がある。ここには刀剣（百四十振）、鉄鏃（七百本以上）、短甲（十領以上）、さらに農工具類多数、別に薄い短冊状の鉄板が一括して出土していた。また京都府長岡京市恵解山古墳からも、直刀百五十振を中心に、出土鉄器は合計七百点を越えている。

この量の多さに思いを廻らすと、これは権力の象徴というよりも、ここまでくると単なる副葬品としてではなく、被葬者の近親者などの陪塚中に一時温存しておいて、再度使用すると言う思惑が全くなかったとは言えないであろう。もっとも出土刀剣の中には実戦用でなくて、低炭素鋼板を刀剣にした程度と言うものもあり、往事なりに埋納の形式を整えたケースもある。「あちらの塚は何十本を越えているからこちらの場合は格式から言って百本を越えなければ」と言った数量での、言うなれば調達競争があったのかも知れない。イラクのコルサバードには及ばないが、発掘してから熱処理すれば鍛造した後副葬という名の備蓄になったかも知れない。

一方で技術的に考えると形だけのナマクラ刀が多数出土した反面、百年から百五十年の間には、地域の関係で鉄というものの実質を徐々に知るようになってもいる。ただし前記の恵解山古墳の出土刀を見ると、鍛造技法の上で全く違うものも出てくる。こうなってくると鉄刀が多いとはいえ、形式的で量のみに拘泥した埋納ではないようである。

福岡県鞍手郡若宮町から宮田町にかけての汐井掛遺跡（土壙墓・推定年代弥生時代後半～古墳時代初期）の鉄刀は、刀というよりも形状からして大型のサバイバルナイフである。刃の部分約三十センチ、幅は先端部が三センチ弱で突端はほぼ角形、中央辺りの幅で約四センチ、茎は造り出しで八センチ位のものである。菜切り包丁を肉厚にしたような形状である。これならば乱暴に使用しても、冷間脆性で折れる恐れはまず無いであろう。蕨手刀の御先祖様といった姿である。この鉄の弱点を知らずに冷寒地で戦闘をすると、刀が折損して大変なことになる。「冷間脆性」とは、極く低い温度の影響を受けて鉄の靭性が甚だしく乏しくなる現象である（他項で詳述する）。

銘文象嵌刀剣の出土

昭和四十～五十年代の高度成長期には、土木建築の工事が飛躍的に全国各地で展開し、それに伴って各時代の遺跡が多数発掘調査された。その中には製鉄、鍛造、鋳造の遺跡もあり、また大量の鉄器を埋蔵した弥生・古墳期の遺跡もあった。その中で珍しいのは金銀で象嵌をした、銘文入りの刀剣が何例か出土したことである。次に代表的なものを列記略説する。

① 昭和五十一年に千葉県市原市の稲荷台一号古墳から発見され、五世紀中後期のものと推定されている。この剣はX線撮影で長さ七十三センチの、柄に近い部分の表裏に銀象嵌が施され、「王賜」のほか「敬安」「此廷」と僅か六文字だけが判読できた。東北遠征の初期前線基地でもあるので、畿内と被葬豪族との関係、天皇と在地豪族についての統治状況が想像できる。豪族の権威を高めるよう下賜されたものと見れば、製作地は王権の所

在地であろう。

②　昭和四十三年に埼玉県行田市の稲荷山古墳から出土したものは、五世紀のもので長さ七十三センチ。百十五文字という長文の金象嵌銘文から「辛亥年（四七一年か?）……獲加多鹵支大王」つまり大初瀬幼武・獲加多支鹵大王（熊本県江田船山古墳の銘文と一致）が、この古墳被葬豪族に下賜したものと推定されている。倭王武・雄略天皇が宋の順帝に提出した上表文から推測して、勢力拡大期にあたっていた大和朝の杖刀人の首というから、前線部隊隊長の「乎獲居臣」への論功行賞の品と考えることもできよう。武はその後、安東大将軍に叙せられた。

③　昭和五十九年に島根県松江市の岡田山一号墳から、大正年間に出土した六世紀中後期の銀象嵌入り圭頭太刀である。その銘文が『出雲国風土記』の大原郡に現れてくる「少領外従八位上額田部臣」の額田部であった。これは当時の部民制度などを知る上で貴重なものである。出雲国は突出した強大さから大和側に別格扱いされていたのではないかと思われた。

④　兵庫県養父郡八鹿町の箕谷古墳二号墳からは、銅線を用いて象嵌した戊辛年五月、つまり五四八年のものが出土し、但馬豪族の象徴と見られている。六〇八年とする説もある。

⑤　平成二十三年に福岡市西区の元岡古墳群六号墳で、百済伝来の元嘉暦を用いた「庚寅正月」銘を刻んだ、長さ七十五センチで、X線写真によると、鉄板を重ね鍛造したと推定される鉄剣が発見された。

これらの刀剣素材の鉄は、当時すでに国産されていたものであろうか、あるいは輸入された鉄鋌であったのか。下賜に必要な文字を記しているが、素材との関係も注目されるところである。②の金線の分析では純金ではなく自然金を細線加工したものが用いられていた。

なおこの刀剣の銘文解釈や交付経緯などについて、日韓の学者の間で大幅な見解の相違があったことを付記しておく。

遥か昔の製鉄は

自前で鉄鉱石や砂鉄を採集し、粗雑な還元鉄を造り鍛造品を造った、言うなれば原始的な一貫製鉄の開始は日本の場合六世紀の末頃とされている。鉄滓とそれを発生した炉遺構のセットでの発見が前提なのであるが、それでは古い弥生期やもっと前の縄文後期に相当するような、そんなものは従来全くなかったのであろうか。それがなくはない。一笑に付されても十年に一度くらいは忽然と出てくる。

しかし熱心に調査しておられる方を見ると、私のような立場（つまり素人）のものにはとんでもない誤解だと笑うことも、もしやそうではないかと喜ぶこともできないでいる。そこがアマチュアの立場であろう。正否の程は別として三つほど製鉄遺跡について、今までに聞いた例をあげて見る。

① 大阪府北端部にある豊能郡野勢町で弥生末期の製鉄遺跡が発見されたのは、昭和五十七年。中心部で直径百八十センチ、幅二十〜三十センチの円形溝をもつ柄杓状遺構二基が発掘され、横町遺跡と名付けられている。

② 大分県国東半島の南端にある重藤で発見された製鉄炉の跡。昭和四十五年にアマチュア古代史研究家の発掘であったため、当然学会からは一笑に、というところであったが、しかしその年代判断に九州大学工学部の先生が参加していたため、何ともややこしいことになった。炭素半減期の測定でなんと紀元前六二八年と出てしまったのである。これは常識的に誤差を考慮しても縄文末期であり、通説とは余りにも違いすぎるわけである。当時はこの算出データは完璧とは言い難かった。そのため町の歴史民俗資料館では発表後何年かして、展示パネルの数値から千年基礎控除して、修正した図表を作成したという曰くつきのものになっている。研究の進展により科学的年代は五十年、百年で変わる可能性もあると言うことを脳裏に入れておく必要がある。

③古越前製鉄遺跡の発見として、福井県の古い製鉄遺跡が喧伝されたのは昭和四十五年前後のことで、提唱者は私どもアマチュアから見たら雲の上の博士号を三つも持った偉い大学の学長先生である。それだけに関係者への影響は大きかった。この炉跡の類例は「朝顔に釣瓶取られてもらい水」の加賀の千代女で有名な加賀市郊外にあった。

私が現地へ出掛けて見た限りでは、現場の状況は楕円形の古い炉跡の熱影響を示しているものの、経年の変化などを考慮しても、温度がかなり上がっていたらしく、散在している鉄滓の表面から見て流れ具合も良かった。第一炉底の所に埋まっていた木炭片（薪ではなかった）が、大部分鋭利な刃物で幾分斜めに切断された状態を呈していた。当時なら直径三センチくらいでも手や膝を使って折っていて、超貴重な金属刃物の鉈や鎌などは使っていなかったはずである。

また、この調査当時はすでに炭素半減期の測定技法が普及し始め、内外の主要研究機関で実用化に乗り出した頃であった。筆者もリビーの半減論などということばを生噛りで覚えた頃であり、当然ここの試料も東京の大学に送られて計測を依頼されていた。引き受けた学習院大学の故木越先生は当時この分野で日本の最高権威であって、十二個の試料を一組ずつ丁寧に測定されたが、その結果は三千年前を越えたものは一個だけで、他は千五百年とか千年前と、甚だしいものは五百年前後でひどいバラツキがあった。ところが一般に発表されたのは最も古い年代だけで、他は一部関係者以外には知らされずに全部無視されて日の目を見ることは無かった。木越先生は生前筆者に、「これらデータを横並べした結果、測定年代に大きく差が出ているので、今後技術的に研究を要する遺跡だ、程度のコメントをしてほしかった」と、後々に悔いを残したように語っておられた。

さらにもっと珍妙な話は、ここの原料に使われた砂鉄が風化洪積砂で、筆者が芦原の堆積層を訪れて見たときに、一瞬これがと絶句し「これでは鉄はできっこない」と思った。この話は往時、大先生と素人の関係で禁句だった。ところがたまたま十数年後になって、福井県で小学生の夏休みに自由研究の募集があり、何気なく昔の製鉄をテーマにした小学生が父親と一緒にライトバンで、遺跡近傍を流れる小川を上流へと遡って行き、水中に沈澱した砂鉄を掬い上げた。多分理科的な感覚で磁石を使ったものと思われる。ところが新聞などでこの遺跡の話を幾らか知っていたところから、「古越前製鉄の原料は洪積砂層とか飛騨変成岩の風化したものだとか言われているが、製鉄をしたとすれば出雲の鑪と同様な、僕が採集した砂鉄ではなかったか。山の奥地の川岸で沢山採集してきた」と言い出した。審査に当たられた先生方は困ってしまわれたと言う噂である。

このような製鉄遺跡の稼行年代について、往々何世紀中葉とか何世紀終末期などと判断がされている例もあるが、考古学的手法にしても放射性炭素の半減期測定にしても、複雑でなかなか一筋縄でいくものではない。

鉄は日本海を渡って

鉄の文化が日本という島国へと伝わったのは、一ヶ所の発信地と一ヶ所の受容地の形ではなかった。大陸の先進文化国から隊商のような形で、ある程度の権力と財力のある原始国家や集落へ、飛石的に少量のものがもたらされていた。つまり受発信地ともに複数であり、やがて工人を含む移住によって、生産技術が発生し定着普及していったわけである。

従来の研究でその伝播は、韓国から九州へという構図が一般的であるが、確かにそう言われてきただけの比重はあろう。しかし日本海という好個の交通路を考えると、同国の他に北方寒帯民族や中国東北部は勿論、さらに南方島嶼の民族も関係しているようである。

『令義解』巻九の「関市令」第二十七に「凡そ弓箭兵器は、並に諸蕃とも市易することを得ざれ。其れ東辺北辺は

大館森山製鉄炉
（青森県大館森山製鉄遺跡）

鉄冶を置くことを得ざれ」とある。当時の関東以北は大和政権が蝦夷の跋扈に悩んでいて、武力源となる鉄冶操業や鍛冶製品の売却を禁止したということである。もっともこの法令は『史記』の南越尉佗列伝や『唐会要』『唐律疏義』などにも類似したものがあるから、守るか守られないかは別としてその形式を踏襲したものかもしれない。しかしこの当時では、蝦夷系の人々は鉄を大和側の商人から買うだけでなく、すでに少量だが北方以降自己生産していたことも確かである。年代を若干下げて東北・北越を中心に主な遺跡を見ると、

青森県西津軽郡	若山遺跡	昭和四十三年再調査	ピット三　羽口・鉄滓
青森県鯵ヶ沢町	大平野Ⅲ遺跡	〃	ピット三　〃
〃	大館森山遺跡	〃	ピット四　以上奈良・平安期か
〃	湯船杢沢遺跡	昭和六十三年末調査	炉遺構三十三基
秋田県鹿角市花輪	堪忍沢	昭和六十一年調査	円筒形炉十五基
宮城県多賀城市	柏木遺跡	昭和六十一年調査	円筒形炉三基　奈良時代
宮城県白石市	深谷高野遺跡	昭和四十八年調査	野焼きと呼ばれる皿状炉
福島県原町市	鳥打沢遺跡	平成元年調査	長方形角形炉　踏吹子使用

福島県新地町　向田・武井遺跡　昭和六十三年調査　向田Aで獣脚鋳型　七世紀後半以降、鋳物に着手と推定

新潟県豊浦町　真木山遺跡　昭和四十八年調査　円筒形炉五基、球状鉄塊出土

新潟県柏崎市　軽井川南遺跡　平成十六年調査開始　長方形箱形炉　半地下式竪形炉、還元鉄炉から鍛造のほか鋳造の遺構も含まれる。奈良・平安時代から鎌倉期に至る

富山県小杉町　石太郎I遺跡　平成三年調査　長方形炉二基　奈良時代

埼玉県大井町　東台遺跡　平成五年調査　円筒形炉七基　奈良時代

これらの遺跡のルーツは一体どこであろうか。筆者は日本海の海流を利用して渡来した、一部は粛慎・渤海（鉄利族なども含まれる）と想定し、取り締まるどころか東北一帯に燎原の火のように製鉄が広まっていったものと想像している。その間にはもちろん、中国地方から北上した韓国あたりからの技術との摺合などもあって当然と考えられる。また多数の渤海人たちが貞観三年（八六一）頃には山陰地方に渡来しているから話は複雑である。

【補註】

蝦夷は広く俘囚として西国にまで配置された。その一部は鉄の産地出雲にも送りこまれており、その頃に抵抗叛乱から神火と称する火災が頻発した。レジスタンスの続発であり、弘仁年間前後の不穏な治安のほどが偲ばれる。また貞観年間の頃には渤海から百人を越える人数が何度も出雲方面にきている。この当時の渤海人には鉄利人をはじめ鮮卑や沃沮などの種族が混じっていたものと推測でき、そのもたらしたであろう文化の影響も、鉄を含めて予想されるところである。

なお古代製鉄に関する東北地方で狼伝説が多いことは、これらの土地に狼が生息していたためだけではなく、「大口神」や「お犬様」と呼ばれる土俗神の残滓を意味しているのかもしれない。御嶽神社や三峯神社は狼を眷属としているが、これらには北方系のトーテム臭があるのではなかろうか。

東北地方には砂鉄の産出で有名な、その名が示す通りの岩手県中央を南北に流れる砂鉄川があり、天間林や、天狗袋もある。なぜか狼のつく地名が多く、狼沢、狼倉などがあるが、それらは青森・秋田・宮城・福島県下などである。秋田は仙北郡西木村（上宮田村）は村に狼が出没したと古記に伝えている。日本では狼はオイヌ様と称されたところを見ると、山犬の類かもしれないが既に絶滅してしまっている。

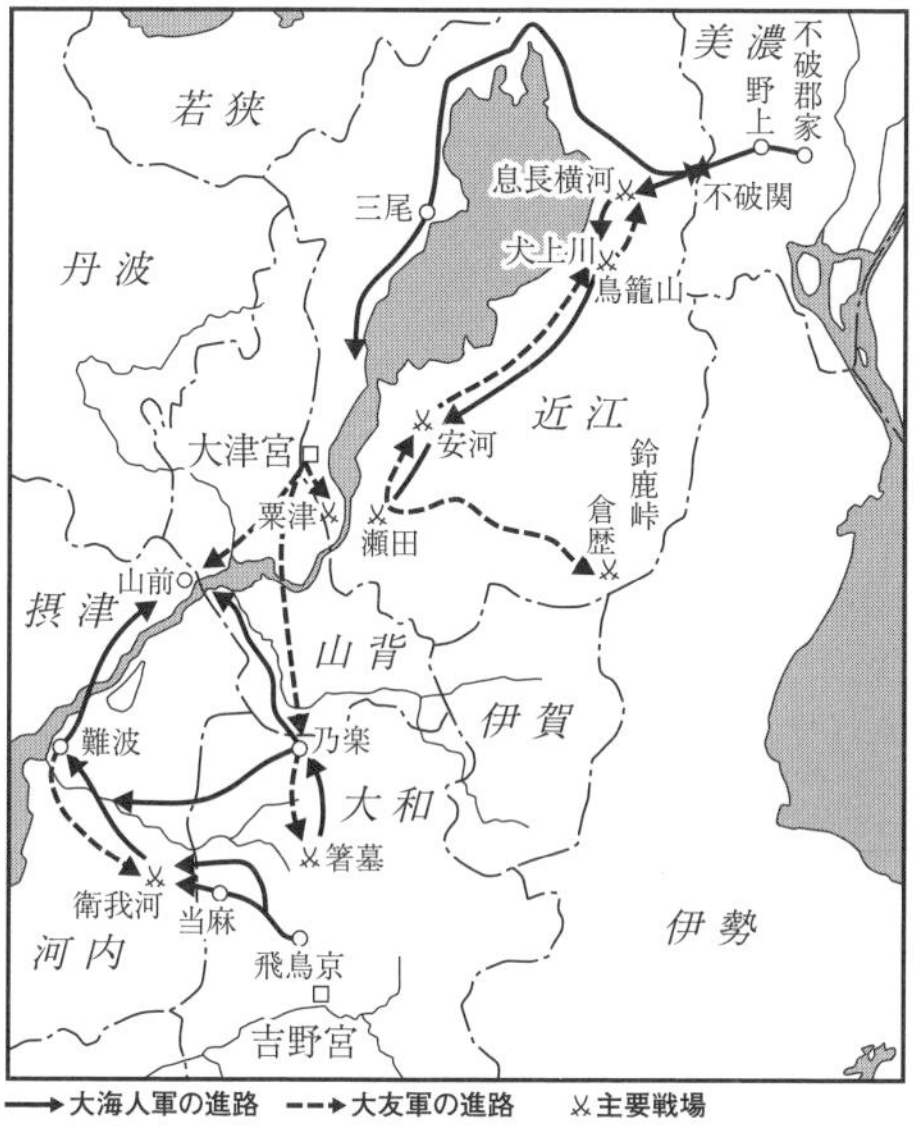

壬申の乱関連地図

壬申の乱と鉄・乱の進展と推移

西暦六七二年の壬申の乱での大海人皇子と対する大友皇子の皇位継承を廻る争いは、乱の前年には大海人側が不利との推測から大海人皇子は剃髪し法衣を纏ったというから、どうみても大津京からの都落ちである。従者も総勢で男女四十人ほどに過ぎず、飛鳥の嶋宮《しまのみや》を経て吉野に到着しているが、その間所要日時は僅かに二日間に過ぎず、天智天皇崩御の突発的事故が生じたにしても、后の鵜野皇女や皇子を伴っての、言うなれば作戦展開どころか逃避行としか思えない。

大海人皇子の出陣は隠遁して僅か八ヶ月を経た翌年の六七二年初夏で、軍団とはとても言えない規模であり、その陣容では飛鳥古京に駐留していた高城王が大友皇子側のため、通報や小攻撃も当然あったはずである。言うならば敵陣突破で小競り合いも生じたはずで、このままでは高市皇子と合流ができても安心に至らず、敵勢力の希薄になった伊賀辺りで一息はつけたであろうが、ここまででは関ヶ原へのまだ半分の距離、野上行宮に到着するまでは筆舌に尽くし難い難行軍。それを簡単に野上まで四日で二百キロと言うが、前記の婦女子まで加わっており、乗り物と言っても若干の馬と輿があったに過ぎない。また辺境を通過するので日和見的な地方豪族の抵抗も散発したであろう。何とか北進して本営を構えたのが野上行宮であり、現在の岐阜県垂井町宮代と関ヶ原の中間点に当たっている。

道路事情が改善されている現代でも、今次大戦中の陸軍の戦闘時行軍速度は、通常の場合で時速六キロ、強行軍で十キロである。大休止・小休止を計算に入れたら、前記の数字は余りに過大ではなかろうか。美濃国安八郡に入るには、山間の狭隘な険路、難路が続き、このスピードでは疲労困憊の状態だったはずである。

【補註】

『懐風藻』から見ると大津皇子は武を愛したとは言え、博覧強記の文化人だったらしい。壬申の乱は唐・新羅との外交関係も絡んでおり大友・大海人皇子の政策が全く異なっていたことにも原因がある。一時は派遣唐人、新羅人などが多数入国していた。

武器調達とその確保

ここで考えなければならない問題は大海人皇子の武器調達である。配流に近い身では全く刀剣や鏃が無いような状態で起ち上がらなければならず、無謀極まりない。この付近での鉄鉱石産地は奈良県吉野郡大塔村の天辻峠周辺で、明治十七年に書かれた『民業鉱山志料』に、「立里村近傍（現在の野迫川村付近か）に荒神岳あり。この山右資料によれば立里山字金山迫《さこ》と称するところに遊猟し洞穴を発見、蓋し以前に採鉱せる者在りしならん。然れども其の誰なるかを確知する者なし。其洞穴周囲の石室たる尋常に異なる処あるを目撃し、初めて其の鉱穴なるを知り……」としている。この付近では第二次世界大戦中鉄鉱石の不足から採掘し、一九七〇年度には一万六千七百四十一トンに達したという。また吉野郡五代松でも僅かな産がある。恐らくこれは筆者の友人で登山家の故小倉厚氏が昭和五十一年頃に、この付近で採集して郵送してきてくれた磁鉄鉱を指すものであろう。

なお生駒山地東麓で地理的に少し離れるが、平群《へぐり》町福貴畑では鳴石と称する褐鉄鉱の一種が産出していたので、このようなものも燃料が多くかかり経済的ではないが、矢鏃程度には利用できたであろう。その後さらに大切なのは、兵員確保のための豪族に対する人心収攬の政治工作である。

それにこれらの付近は、山中を廻峰する修験者の主要経路であった。彼らは草根・樹皮・蛇虫の各種に精通し、薬物の効能を知り、鉱石の鉱（つる・露頭）の在処にも精しかった。そしてこの辺では、既に滋賀県の野地小野山製鉄遺跡や北牧野製鉄遺跡の鉄鉱石も採集が始まっていた。炉型は小さいまでも、『日本書紀』天智天皇九年の箇所に「水碓を造りて鉄を冶す」とあり、その水車利用方法は、送風への採用か或いは鉱石粉砕の臼かとする二説あるが、とにかく進歩していた。また琵琶湖の北には近年まで同和鉱業系の鉄山が数ヶ所あった。また琵琶湖北辺に散在した湖底鉄鉱も利用されたのではなかろうかとも言われている。しかしそこまで苦労する必要はあるまい。

鉄鉱石の産出する山

金生山は岐阜県赤坂町から池田町にかけての、標高二百十七メートルの低い山である。この山から赤鉄鉱が採掘できることは、地元では古くから知られていた。これを学問的に調査されたのは、明治初期に砂鉄製錬の改良を手がけ、フランスのクルーゾー社に留学した先覚者の一人小花冬吉先生である。

『赤坂町史』によれば大垣市内の赤坂山では、矢根石・蝋石・赤土・方解石・寒水石・花紋石を産したとされているが、不思議なことにこれらの過半は鉱石製錬に使う溶媒剤に向くものであり、更に不思議なことに赤土が特記されていても、文書に赤鉄鉱が出て来ないのである。赤坂河岸などの輸送施設が整ったのも明治期と言われている。『濃飛八景』では鉄鉱石ではなく、むしろ化石のメッカと言われているほどであった。

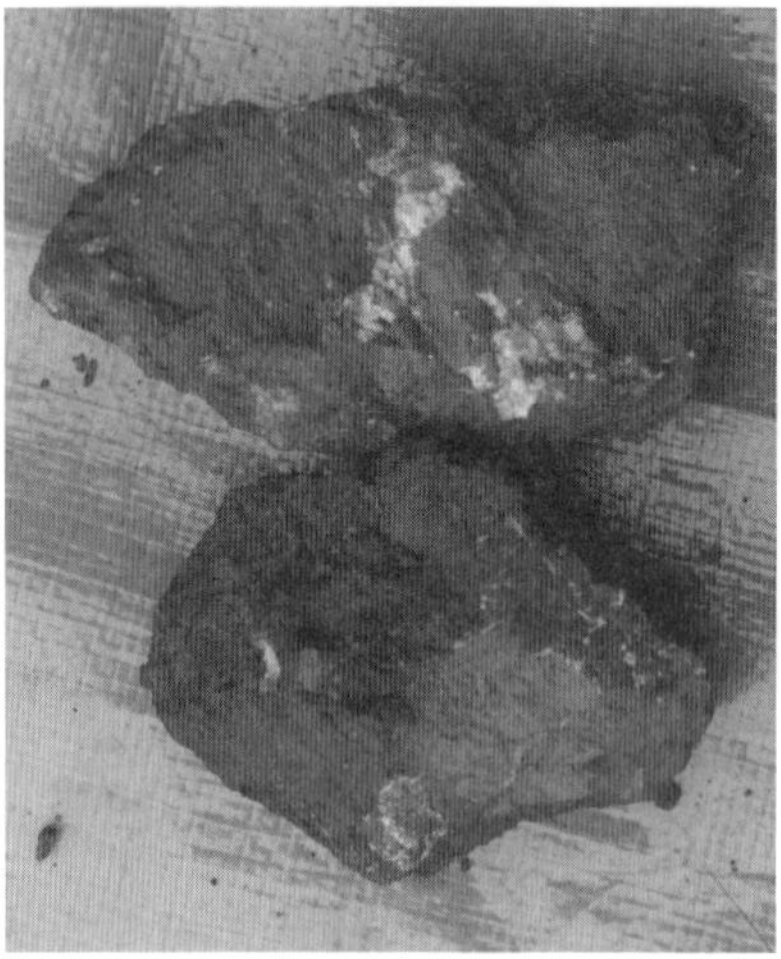
赤鉄鉱（金生山）

昭和三十七～八年頃に、筆者は南宮大社（鉱山・採鉱・製錬をつかさどる神）の故宇都宮巌宮司と登山調査に廻り、石灰粉まみれの山小屋で、「こんな処まで良く来られたね」と記念に頂いたものは、なんとアンモナイトと海百合の化石であった。このときは鉄鉱石或いは製鉄滓があるものと期待していたが、終日探した結果は製銅滓とおぼしきもの一個のみであった。

赤土の大量利用も江戸中期のことであり、ある程度の焼灼をして粉砕し篩分けの後に、弁柄として使用したものであろう。水分を除去し焼結させて製鉄用として使ったものではなさそうである。赤鉄鉱はこの付近に広く分布しており、地名発生の根拠として産出したことは確かなのであるが、採掘状況から見るとこの山自体は石灰岩が多く、元禄〜文政年間にかけては赤土の産が主で、むしろこちらが有名であった。赤鉄鉱は鉱脈の残存状態からして良い所採りである。後には戦時中に鉄鉱石不足を補うため六年間採掘されていた。

しかしデータから見ると鉄鉱石は基本的には磁鉄鉱が最高であり、理論的には鉄分は極上でも七十三パーセント、赤鉄鉱で七十パーセント程度であって質の変化が甚だしい褐鉄鉱ともなると鉄分は半分近くと大幅に低くなってくる。従って分析データで酸化第二鉄の数値を探ると、含有酸素分が鉄分と誤解され妙なことになる。美濃金生山の赤鉄鉱は組成が単純でなく、熱水鉱床であって、ニッケル・砒素をはじめ金銀までも超微量ではあるが含んでおり、バナジウム・モリブデンなども似た作用をしている。科学的ではなくてもこうした性質が工人達に伝承され珍重されてきたのであろう。

もっとも昭和五十九年に南宮大社春の大祭で関市在住の刀匠故大野兼正氏は自らこの鉄鉱石を採集し、小型竪形炉で横差吹子を連動させて通風五時間程で還元させ、後日三尺の日本刀を鍛造して奉納している。なお大垣市阿賀町にある金生山明星輪寺には、ここの本尊として虚空蔵菩薩の像が秘されており、延暦年間に遡るものと伝えられているが、宝生仏として地域の民衆に深く信仰されたのも、この鉄鉱関連原料の利益かも知れない。

なお安八《あはち》の地名であるが『日本書紀』天武天皇元年（六七二）の箇所に見られるので、九世紀頃にはその呼称が使われており、若干前の七世紀なら編纂時には好字化して使われたであろう。この安八は古くは正倉院文書にも現れており、「味蜂間郡」の記載が初出のようである。

鉄鉱石から砂鉄まで、さらに湖底鉱石

日本における製鉄原料は古来砂鉄に限るものと考えられてきた。しかし製鉄遺跡調査で、多くの鉄鉱石製錬遺跡が発見され、百パーセント砂鉄に依存したとする考え方は脆くも崩れ去り、明治・大正期のように出土した刀剣に何パーセントかの銅分が含まれていると、舶載品と断定していたようなことは完全に不可能なこととなってしまった。

製鉄原料の鉄鉱石を成分から見ると、磁鉄鉱が含鉄品位が高く、真っ先に目をつけられそうであるが、これは製鉄原料としてよりも中国伝来の医療書から、大部分は高貴な薬物として珍重されていた。『続日本紀』には和銅六年に近江国より献ずとあり、『本草綱目啓蒙』には奥州仙台、備前産をよしとし、信州、甲州、濃州なども上げられている。

鉄鉱石の使用例としては滋賀県マキノ町（現高島市）の「水車による冶鉄」も磁鉄鉱・赤鉄鉱を使用しており、南側の草津市野路小野山、その周辺の遺跡も同様である。特に東岸の姉川に注ぐ高時川の上流一帯に製鉄遺跡は多数あり、鉄滓の散布から見ると初期であったため、この地方の遺跡は製鉄・鍛冶の混交状態である。加えて近年発掘されたより古い年代の、岡山県総社市の千引・カナクロ谷の遺跡、同市では鉄鉱石焙焼炉ではないかと推測される遺構も出て注目されている。他に長野県飯田市高野遺跡などでも鉱石製錬とされたなどの話を聞いている。検討の余地のある古い遺跡らしいものでは、熊本県阿蘇郡阿蘇町狩尾の褐鉄鉱山がある。戦前三井鉱山が掘っていたと言われているが、この近傍の一の宮町西弥護免の弥生後期遺跡からは多数の鉄片が出土している。従ってこの鉄器の製錬がここで行われたものか、輸入によるものか注目されるところである。

鉄鉱石の採掘はその創始の実態は不明であるが、日本では中国山脈地帯に多く、製錬遺跡は琵琶湖畔にも多数が散在している。科学的には鉱種が複雑で酸化鉄系でも磁鉄鉱、赤鉄鉱、褐鉄鉱があり、海外の場合では炭酸鉄鉱や燐鉄

餅鉄（新潟県上川村産）

鉱、クローム鉄鉱なども古くから活用されている。

中国の古代鉄器には土地によってかなり銅が、溶融温度の関係で合金としてではなく不規則な形で混在した姿態を呈している。中国の銅管山鉄山などは名称からしてもそれであり、キプロス島西部の鉱山ではキプロス銅の発生地らしく、紀元前から採掘されてきたが、ここの鉱石は接触交代鉱床で黄鉄鉱を含み、こうした製品を造り出す傾向をもっている。

鉄鉱石は含鉄品位が高いと質が緻密で還元・熔解が難しく、磁鉄鉱に見られるように焙焼・整粒を必要としたが、反対に低い場合でも不純物の偏在から選鉱を重視し、硫黄や結晶水を除くための焙焼処理も必要であった。鉱脈の関係で燐やモリブデン、錫などが微量に入っている場合もあるが、製品の質を左右するほどの影響は通常はない。燐の含まれている鉄の場合は銑として鋳造品に多用された。そのため用途によっては脆さが露呈される欠点もあるが、一方で融点が低くなり湯流れを潤滑にし、細かい模様まで型移りを良くする長所があった。

餅鉄

鉄鉱石ではあるが品位が余りにも良いために、別扱いをされていたものに餅鉄と呼ばれている鉄源がある。俗にベイテツとかベンテツ・モチテツとも呼ばれている。質量ともに日本一の鉄鉱山とされた釜石鉱山付近から割と多く産出した。磁鉄鉱の別種で、不純物の含有が極端に少ない。橋野や大橋、砂子畑などの河川に礫状となって存在し、かつては力石に用いられるほどの大きなものもあった。筆者は昭和五十一年に橋野中学校入り口前の小流中から直径十センチほどのもの数個を採集したことがある。なお同種のものは新潟県下や長野県下でもあり、北九州市の小倉区呼野では筆者も一個採集したが、ややチョコレート色を呈していた。これは古文書も遺存しており、寛永四年（一六二七）十一月二十一日　細川忠利公御書に「鉄になり申す石」とある。長野県のものは筆者の見た感じではやや質が劣っていたが、幕末あたりにはこれらを採集して鍛刀素材とし、一部の刀匠に珍重された事例もある。東北でも江合川上流の大崎市岩出山付近で餅鉄の産出を見ている。

【補註】
鉄鉱石を原料とする場合は鉱石の種類によって製錬法も異なってくる。いずれにしても磁鉄鉱や赤鉄鉱の大塊は整粒、つまり砕いたものを還元するのが効率的であり、焙焼することによって小割りの能率も上げられる。褐鉄鉱の場合はなるべく高品位のものの選択と共に、多量に含まれた含有水分を除去し製錬をし易くする必要がある。

みすずから鬼板まで

「みすずかる」と言う信濃国の枕詞から、この語源が詳細克明に追求され、みすずが褐鉄鉱ないし高師小僧に比定されている。諏訪大社の神宝「鉄鐸」からの連想が根拠であろう。この「水薦苅信濃の真弓」という歌は『万葉集』の巻二にも出てくる。「三薦」の場合は「不引為而」と続き、「水薦」の場合は「吾引者」と続いている。その解釈は詳細は既に『冠辞考』などに出ているが、このすずの文字を後世になって薦《こも》と間違えたこともあり、いずれにしても

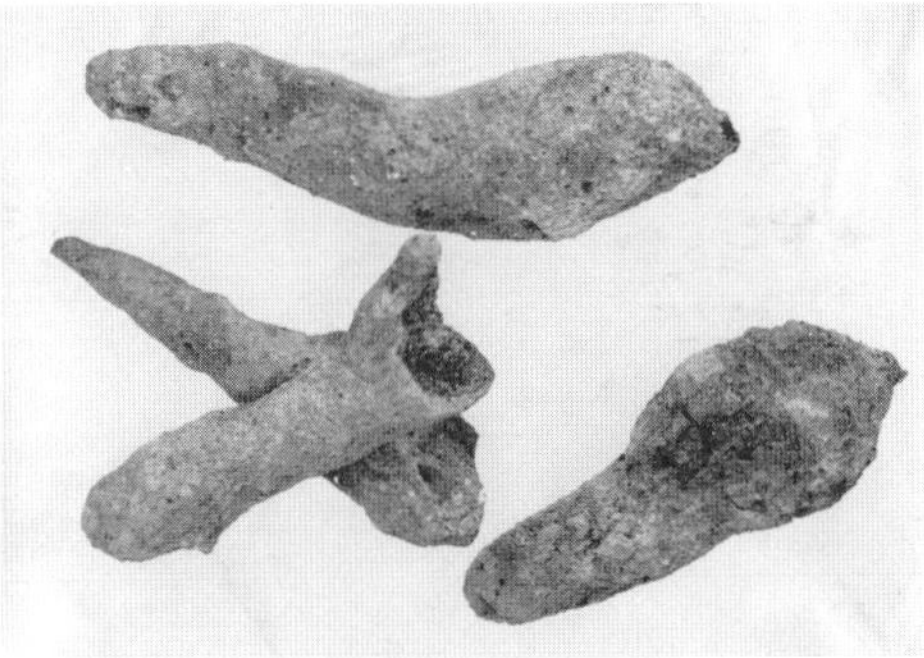

右：鉄鐸（昭和35年撮影、長野県諏訪神社蔵）
上：高師小僧（愛知県豊橋市）

篠竹《しのたけ》系の植物である。この篠は信濃の「しな」に結びついてくる、おそらくは篠竹の生い茂った国という意味を指しているのではなかろうか。

ちなみに昔からこの信濃地方ではすず刈りという名の、集落の女性達による共同作業があり、下伊那郡の阿南町、天龍村辺りでは昭和中頃まで、昔から前記女性が手甲脚絆《てっこうきゃはん》で笹薮に入りすず竹を簾《すだれ》や畳の材料にするために採集する内職があった。現在では鉄鐸よりも「みすず餅」が銘菓として知られている。その関係か「薦・菰茂り、鉄を生ずる」と言う人もあるが、これは植物の根が鉄を造っているのではなく、水際の地などに生育していてその根が水分を吸収するので、当然水分と一緒に鉄分が吸い寄せられて周囲に固まり、その結果として低品位褐鉄鉱（高師小僧・板状不定状のものは鬼板ともいう）ができてくるのである。写真は愛知県豊橋市の高師原のものであるが、見ようによっては小芥子《こけし》人形にも見え、中には砲丸に似たような形のものもある。これも製錬するとしたら品位が低いので、使用に関しては採集時の選別と同時に破砕・焙焼が必要であり、今日から見れば歩留まりの上で看過できない経済的な問題が内包されている。小野蘭山著『本草綱目啓蒙』でもこれらについて製鉄原料として記するところは無く、巻四金石の項でも国産品にその記述がない。屈大斤編『広東新語』を引用した者か、木の葉紋を有する鉄鉱石の産出を記しているが、これはおそらく中国広東省烏石嶺《うせきれい》鉱山あたりの植物化石を含んだ、乾燥すると鬼板に似たようになる脆い褐鉄鉱のことを指しているのではなかろうか。

このような褐鉄鉱はわが国の実験考古学のグループによって、各地で少量ずつ還元の原料として採集され、品質の点はともかくも還元鉄製造の実験がされており、通常は実験現場でも鬼板や鳴石の名で呼ばれている。

この鬼板や高師小僧のような褐鉄鉱系の原料は、鉄が極度に枯渇した第二次世界大戦中でも余り扱われていた様子が無いのは何故であろうか。確かにこれからでも実験製錬の結果が示すように経済性を無視すれば少量の還元鉄は造ることができる。しかし砂鉄や磁鉄鉱・赤鉄鉱のようにうまくはいかなかったのではなかろうか。不純物の含有量だけでなく、そのまま装入すると含有水分のために炉内温度を下げる欠点があり、鉄滓量の多くなる欠点もある。勿論焙焼過程も必要である。こうしたことと裏腹の関係になるが、製品当たりの木炭消費量の（後には電力も）多いことも原因であったと推測される。

琵琶湖周辺と湖底鉄

滋賀県下の琵琶湖周辺の製鉄遺跡もすでに多数発見されているが、その手がかりは何と言っても『日本書紀』天智天皇九年（六七〇）に「水碓を造りて鉄を冶す」、つまり水車が活用されていたことを示す記載がある。また『続日本紀』の文武天皇大宝三年（七〇三）に登場する「四品志紀親王に近江国鉄穴を賜う」などに端を発している。最初に発掘された遺跡は琵琶湖の東岸に多く、滋賀県湖西の伊香郡木之本町の古橋遺跡、北部にある滋賀県高島郡マキノ町（現在の高島市）の牧野遺跡で、一部は浅井郡にかかっている広大な遺跡である。ここの原料は日本の古代製鉄原料として喧伝されてきた砂鉄ではなく、岩鉄鉱、つまり鉄鉱石であった。かつて筆者がここの現場で拾ったものも、組織から見て磁鉄鉱であった。

しかし研究者によってはここの原料は赤鉄鉱とも、あるいは湖底塊鉄とも言われている。磁鉄鉱脈には往々赤鉄鉱が随伴していることもあり、また選鉱された褐鉄鉱を十二分に焙焼した場合は赤鉄鉱と類似したものになるので、事前処理によってはこうしたものも混じっていることがないとは限らない。

原料鉄鉱石はかつて湖の北岸西浅井付近に、同和鉱業の旧坑があって戦前は採掘されていた。また大浦付近の湖底には塊鉄鉱が沈澱していることも知られている。もっともこの採集物は沈澱褐鉄鉱が乾燥して、赤鉄鉱に類似したようになったものであり採集の困難な点から、古代で少量生産であっても獲得利用するのは難しかったのではなかろうか。

むしろ伊吹山にかけての湖東北岸には、古代をしのばせる金糞岳などの地名もあるので、地理的にこの付近から湖北・湖東に点在する小鉱脈の利用に注目したい。

例は少ないが硫化鉄鉱の場合は焙焼すると硫黄と酸素を共に除去することができる。

簡単な獣皮の吹子

日本では古い製鉄の絵巻で知られているものに、周知の岩手県上閉伊郡大槌町の『小林家所蔵絵巻』がある。この種のものの常として、現場にいた絵心のある工人が描いたものよりも職業画家というような人の作品が多いが、これはどうも稚拙な絵柄からして現地工人の作品のようである。絵巻の仕立ても割り木に巻き付けただけで裏打ちがしてなく素人造りである。

細かな考証的部分に無視された点があるのは止むを得ないが、羅列された設備や工具は多くの問題点を投げかけている。貴重な資料であるが注意して見る必要がある。

それにしても肝心の中心になる炉体の構築様式が、明らかに粗末な煉瓦状に練った粘土を積み上げた、江戸時代に入ってからの大型鑪炉の築炉に類似したものである。しかし一方で吹子については、蒙古や天山山脈方面で放浪の鍛冶屋などが使用していた、いかにも風量が少なくて風圧も弱そうな革の袋状のものが描かれている。図では炉の左右に五台ずつ使用されているが、これでは工人達の苦役的労働を集中したにしても、出てくる風量が弱すぎる嫌いがあると思われる。

このような吹子の実物を筆者は中国新疆のウルムチ市にある、省立新疆ウイグル自治区博物館で見たが、革の部分は羊一頭分から二枚取りした程度の大きさで、最も重要な風の取入口に相当する弁が取付けてなく、握り棒の操作により必要とする空気を取り込む方式で、炉体に接する羽口部分は日本でならさしずめ竹製で粘土の吹子口をつけるであろうが、比較的使用年代の新しいものか、ここでは厚手のトタン板で造ったものであった。

鍛冶用が精々のものであり、『元朝秘史』に登場するブルハン山に住んだウリャンハイの人、ジェルチューダイ老人がテムジンに会いに来たときに袋吹子を携えていたという話を、さもあろうと思い浮かべた。

こんな絵のような程度のものを使っていたとしたら、北方系冶金工人のもたらした吹子の影響であることは判るが、すでに東北地方でも八〜九世紀頃には小規模ながら踏吹子が使われていたときに、余りにも非能率的過ぎはしないであろうか。特に日本では皮革は馬か牛、或いは鹿とか猪の類であり、大陸とは異なって遊牧生活がなかったので、羊革の類は到底入手できなかったはずである。

前記の博物館で展示を感心して見ていたところ、後にカシュガル市の郊外にあるウイグル職人街の鍛冶工房で現在でもこれが使われていたのには驚かされた。この辺り技術設備の進化は悠々としたもので、資金力の弱さか、或いは技術力が低いのか、近くの工房でもモーター送風をしているのに、依然として革袋の吹子が共に生きて使われていた。

二つある製鉄年号

なお、小林家絵巻の場合は、不思議なことに前後二ヶ所に作画された年号が書かれているが、最初に描写したときと、後に複製したときを表すのか、不注意なことに説明無しで両者が全く異なっている。この異なる二種類の年号であるが、大治元年丙午の方は崇徳天皇の年号であり、その元年であるから西暦では一一二六年に当たる。この年代ならば東北地方でも製鉄遺跡が各地にある。技術も全国的に見て素朴なりに進歩しており、使用した例としては平安後期の『堤中納言物語』に出てくる「とむ片岡に鋳る鉄鍋、飴鍋」（片岡は大和国）が良く知られている。岩手県ではこの頃既に藤原清衡が中尊寺を竣工させている。

またもう一方の大道二年は偽年号であり、公年号の大同を後世に仮託したものとすれば若干古くなり、平城天皇の大同二年は酉《とり》年で干支が合わないが、西暦にあてはめると八〇七年である。この偽年号の大同は時には大筒とも書かれ、一説には慶長十四年巳酉、つまり一六〇九年だとも言われている。他地域の記録を見ると越後国（新潟県）蒲原郡、紀伊国（和歌山県）高野口町、陸奥国（青森県）名川町などの遺物に使用例があると報告されている。

絵巻の描写からは鑪吹き後進地の東北岩手県のことでもあり、創業の状態を細かく記録し細工の水準に配慮すると、どうも山神や金山荒神などを祭祀する目的で、江戸期前後に描かれたものではなかろうか。

なおこのような古代製鉄を示す鑪の絵は絵馬にも屏風にもあるが、残念ながら時代を表し技術を示すような完璧なものは少ない。

唯一筆者の見た例では出雲の金屋子神話民俗資料館蔵の『金屋子神社縁起屏風』の例がある。これは天秤吹子採用前の踏吹子使用鑪を、鬼神の姿も金屋子神の姿もなく、中央に神主一人、後は労働者達でリアルに描いている。しかし監督や番子達の動作は時代相応で良いにしても、木呂の配置が逆であって理に合わない。これでは風が炉内均一ではなくうまく吹き込むことはできないのではなかろうか。炉の大きさに対して風分庫に相当する部分も見えず、大きさがやや小さい程度だが機構的におかしく、この設備では力ばかり必要で強い火力を出すことは不可能であろう。所謂番子の苦役的労働力の表現である。

さらに大絵馬には境港市美保神社に、鉄山経営者の卜蔵家から天保八年（一八三七）に奉納されたものがある。江戸末期の鑪炉と用具は全く同じだが、送風は横差しの大型箱吹子であり、労働している人々も烏帽子白丁で下級神職の服装であった。

【補註】

『造法華寺金堂所解』によると吹革は一張が百文程度と推測される。この革製の吹子は板吹子が使われるようになっても、岩手県の小林家絵巻などに残っているように、かなり後世まで鍛冶や鋳物などで使われていた。

吹子の進歩と多様化

前記革袋の吹子は、鉱石や金属を熔解するのには、不可欠の道具であった。銅鉱を製錬するのにも当然使われたが、製鉄や鍛冶・鋳造にも早くから用いられ多くの工夫がされていた。勿論自然の風を利用した場合が始まりであろうが、金属量産のためには革吹子、足踏吹子、箱吹子（差し吹子）と進化し、天秤吹子へと発展したわけである。しかしその間には中国技術の導入で、踏吹子に水車を連動させる送風が採用されるようになった。中国では水車は農業灌漑用に古くから使用されていた。『日本書紀』記載の天智天皇九年（六七〇）に「是歳水碓《みずうす》造りて鉄を冶す」とある水碓（臼）

は送風用の水車吹子か鉱石破砕用の水車臼かで議論が分かれているが、この種の設備が既に日本でも使われていたのである。

ただわが国の袋吹子の場合は、遊牧が発達しなかったため羊革を入手することができず、皮革工人の話では鹿や猪を山野で捕らえて使い、死馬の死骸からも時に剥ぎ鞣《なめ》して使っていたと言われる。

また踏吹子の場合はまだ鋸が発達普及していないため、風函部は地中に中太の割丸太を縦に、横には同様長目のものを桟状に用い、釘で打ちつけたか、蔓で絡めて掘り込みの中に四方に立てて粘土を塗ったのであろう。風を生ずる嶋板も割り木を木取って幅広に連接し、長手の中央に支点を付け後には弁を工夫し、気密性を持たせるために、妻手側などなるべく広く獣皮を張ったものと思われる。福島県南相馬市原町の九世紀と言われているものなどこの型である。

後にはこれに効率良く送風できるよう、水車を連動させ空気の取り入れと炉内への送り込みに、合理的な駆動をさせるようになった。

さらに筆者の見学では三十年程前に見たものであるが、中国新疆省（当時）では風を起こす羽根車に手回しハンドルを付けたものや、廃物自転車の前輪リームに麻縄のベルトを掛けたものを見た。亀茲辺りではまだこんな方法であり、トルコのアンカラ辺りでは皮袋と木材板の巨大な手風琴状の蛇腹吹子が使われていた。

弥生時代末期出土鉄器の地域特性

吉野ヶ里遺跡から弥生期にしては珍しく、多数の鍛造鉄斧や鉄鏃などが出土している。これらは外交関係を切り離して、邪馬台国九州説を仮に引用すれば、百年前後の幅で卑弥呼の出現などと符節が合ってくる。

しかし、鉄器流入の経路を推察する場合は当然注意点として、韓国・中国の二経路を並立させて考える必要がある。

韓国の場合は鉄鋌の形で輸送されたものが多いと聞くが、筆者の見学した感じでは忠州鉄山のような磁鉄鉱を原料としたものが考えられ、中国古代の場合には上海歴史博物館の蛟竜紋鏡や敦煌市立博物館に展示してあった南湖遺跡の銅甑のように、技術が進んではいてもまだ秦漢期では、選鉱の技術が不十分であったものと見える。しかし鉄鉱の製錬時には青銅製錬よりも意識して幾分温度を上げていたと考えられ、銑鉄溶製に当然含有されている銅分も溶解し、分離不十分のまま鋳型に流し込まれ、片寄りを示しつつ固化したものが出土している。「鉄官」制が敷かれた時代であっても勿論技術水準の地域差は存在していた。

中国の場合、原料鉄鉱としては銅管山や銅緑山、大冶鉄山の旧坑などを調査したら含有銅分について注目されるデータが得られるであろう。西安の省立博物館では、期間も長かっただけに流石に驚くほど多数の鉄器が収蔵されていたが、溶融や鍛造の技術が前代とは異なり、材質も良くなっているかに見受けられた。このように原料の関係で製品の質が不均一になってくるので、見学に際して細かな点に注意しなければならない。

筆者が発掘当時ご厚意で見せていただいた吉野ヶ里の鉄器は、調査対象の期間がその後に若干広がっているが、年代から考えると三国時代に入った魏の治世（二二〇〜二六五）であり、ほぼ鉄器の文化の初期に当たっている。海送されてきたものであり多分二級品であろう。小型で形状もまだ粗雑なものが多かった。しかし原始期の鉄剣で刀身の長さが短いにしても、東部を鍛伸して円形に丸めた素朴な素環頭刀も出土していた。

これらは中国の山東半島辺りを経由したものか、韓国の釜山付近から島伝いに南下したものか、場合によっては鉄鋌を素材に鍛造したものか、或いは工人の渡来によって北九州で地元の鉱石を還元して製作されたものか、技術的・形式的な判断が必須であり、流入を断定するには十分注視する必要があろう。

弥生期、主として中末期であろうが、以降古墳初中期頃までのものは、鉄器を見る際に科学的分析データのみでなく、こうした視点からも注意することが重要である。

第三章　東北・北陸では文化も人間も受容

鉄が北方からの可能性

筆者が小学生の頃は日本在住の北方系民族として、アイヌ族のほかに少数民族としてはオロッコ（ウィルタ）、ギリヤーク（ニブヒ）、それに珍妙な解説だが蕗の葉の下に住む小人として、コロポックルがいたと教えられていた（ところが秋田の駅のお土産売り場で展示してあった六尺近い蕗の葉があったのを記憶している。これならインドネシアのバナナの葉と同じで雨避け程度には十分活用できよう。北海道でも生えているが彼の地のものはもう少し茎が短いそうである）。

しかし鉄は日本北部の地図を広げてみると、東経百四十度の東京から左右に幅をみて北上すると、ハバロフスクより大分東になるがキンカムの鉄鉱山が昔から開発され、この辺の南部は中国系とされている製鉄民族が多数居住していた。この付近からは、エベンキ、ウルチ、オロチなども、少数は原始の日本へと渡来していた可能性があろう。

余りにも広大な地だが、余程の奥地でない限り針葉樹林帯（タイガ）であり、贅沢を言わなければ居住するのに支障はない。それにしても植物の繁茂した不凍港を確保したい念願の彼らが、危険な氷海を越えて南方の温暖地を指向したのは、居住適性を考えれば当然のことである。

蝦夷という呼称は山に住む山夷とか、農耕をしている田夷に一応は分類されているが、これらは文献的には体制側の解釈であり、始発地域（原住地）から南下した場合の違いなどもある。年代を経ると移住や混血で変わったこともあるので、一概にそうとも言い切れない。

蝦夷は鉄の製錬・加工技術を知らず、本土から渡来した和人の商品に依存していたと、大方の文献に書かれている。

しかし鉄鉱石などの山地を瞥見してもかなりの鉱山がある。

今日では採算上の理由から既に廃山となっているが、北海道だけでも主なもののみで次の通りである。

亀田郡	精進川	褐鉄鉱
有珠郡	徳舜別	〃
常呂郡	国力	含マンガン赤鉄鉱
虻田郡	虻田	褐鉄鉱
〃	喜茂別	〃
〃	倶知安	〃
〃	日鉄砂原	砂　鉄
〃	同山崎	〃

そのほか蝦夷民族が南下して盤踞した地域とされる、東北の六県を見ると次の通りである。

青森県	上北郡	三沢	磁鉄鉱
岩手県	和賀郡	網野	赤鉄鉱
〃	〃	仙人砂子沢	縞鉄鉱
〃	上閉伊郡	雲上	磁鉄鉱
〃	下閉伊郡	田老	磁硫鉄鉱
〃	花巻市	晴山	高師小僧
〃	釜石市	釜石	磁鉄鉱

〃	岩手郡	松尾	褐鉄鉱
〃	江刺市	浦金	磁硫鉄鉱
秋田県	北秋田郡	阿仁	赤鉄鉱
〃	〃	立又	磁鉄鉱
〃	仙北郡	荒川	赤鉄鉱
〃	湯沢市	蓬来高松	褐鉄鉱
山形県	最上郡	長富	赤鉄鉱
福島県	相馬郡	高穂	磁鉄鉱
〃	〃	右田	砂　鉄
〃	信夫郡	水俣	褐鉄鉱
〃	南会津郡	大宮	赤鉄鉱
〃	安積郡	高玉	〃

これらは文献で見掛けたもののみであるが、まだまだ探せば見つかるであろう。筆者が廻っていて、岩手県一関市舞川の北部にある白山岳などでも小鉱穴を見たし、新潟県南魚沼郡でも魚沼鉄山と呼ばれる小産出地を見た。いずれも赤・褐鉄鉱の狸掘り程度のものであった。

蝦夷の地で行われた製鉄

大和の知識人は中央からの隔たりで、蝦夷を最も遠い地域から「都加留《つがる》」、次を「麁蝦夷《あらえびす》」、そして近くは

「熟蝦夷《にぎえびす》」と三分類していた。また麁を山に住んだところから山夷、熟を農耕に従事していたので田夷とも呼んでいた。ところで、これらの人々の持っていた製鉄技術および鉄器文化は、いったいどのような程度のものだったのだろうか。

文献では『常陸国風土記稿』の香島郡の項に「慶雲元年（七〇四）、国司妥女朝臣、卜率鍛佐備大麻呂等、採若松浜之鉄、以造剣之」とあって、後述する東北地方最古とされている七世紀後半と推定された、福島県相馬郡新地町で発見された武井地区・向田地区の製鉄遺跡よりも、僅か百年足らず後の時期にこの地域でも砂鉄の製錬が行われていたことが判る。

ここまで南に来ると地域によって異なるのか青森県の三沢市、淋代町や福島県の相馬市、原町市（現南相馬市）など臨海地域の砂鉄よりチタン含有量の少ないものが採れるので、原始的な技術でも幾分か製錬がし易かったことであろう。佐備大麻呂等を国司の権勢によって北から連行してきた製鉄集団、たとえば俘囚工人のような人々とすれば、次に述べる禁令とも相俟って、背後にあった蝦夷製鉄との関係がクローズアップされてくるわけである。

『令義解』によれば養老二年（七一八）発布の『養老律令』、学者によってはもう数年遡る『大宝律令』に比定する人もあるが、その「関市令」に「東辺北辺不得置鉄冶」とあり、また少し遅れて平安時代初期に編纂された『令集解』の逸文には、「古記に言う」として「東辺北辺。謂陸奥出羽等国也」とし、更に「穴に言う」として「禁置鉄冶者。不合知作鉄之術耳。全物推可知耳」とある。

ここでは禁止される相手が特定されていないが、当然中央優越思想で策定されたものであろうから、明らかに蝦夷《えみし》（＝アイヌ）・粛慎《みしはせ》などの北方系渡来民族が極く小規模な製鉄をしていたのであろうと想像ができる。

しかし一方でこれらの禁令は立派な文章ではあるが、唐などの進んだ法制の文を真似たものであり建前であって、大和政権側に実質的な効果は全く無かったものとも思われる。その後百年の間には鉄製品の交易をめぐって、前記令の確認のような太政官布告が再三出されている。もっとも発令しただけで、実際に守られていたかどうかは疑問であ

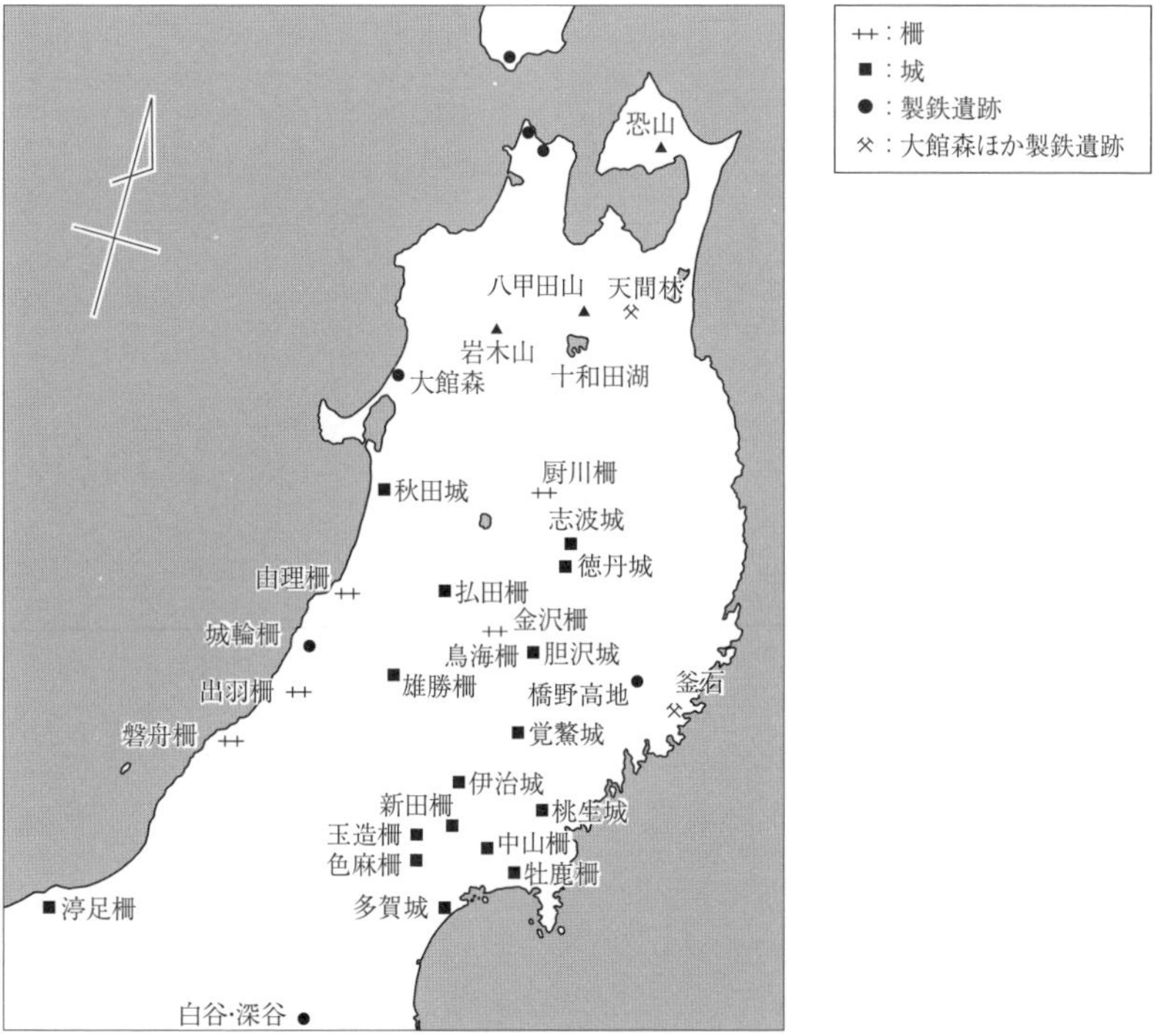

東北地方関係図

る。

延暦元年（七八七）正月の太政官符によると夷俘との間での物々交易の弊害について「綿既着賊襖。兜鉄亦造敵農器。於理商量。為害極深」と物々しく書かれているが、このような通達も効果の程は全く期待できなかったようである。体制側の目の届かない場所では、このように再加工の鍛冶が行われ、また細々ながらも資源のあるところでは鉄冶が行われていたことは予想できるところである。

有名な東北防衛の基地、多賀城にしても城門の脇から発見された天平宝字六年（七六二）の「多賀城碑（壷碑）」に刻まれた文面の「去京一千五百里　去蝦夷国界一百二十里」から考えて、昔でも後者は土地の人にとっては至近の距離である。東北特有の蕨手刀をはじめ、刀、鉾先、各種の鉄鏃、それに刀子、鋤先、鎌、斧などの鉄製品が多数出土する鍛冶場跡も見出されている。なお近傍には大規模な還元鉄を自給できる柏木製鉄遺跡も発見されている。

ここまできても律令体制は名目のみに過ぎず、城柵・政庁部分と附属建屋が設けられ守備の兵が五百人程度常駐していたにしても、常に包囲攻撃の危険性をはらんだ場所であり、中央から輸送してくる諸物資は土匪の襲撃もあって余りあてにはならず、開設当初は孤立無援で全く屯田兵的な制度と推測され、数々の文書・官符とはほとんど関係なく、食料・建材・鉄製武器などすべて自給を余儀なくされていたと想われる。

これらの北方民族が鉄器を欲したのは、鉄鍋など脱炭処理を知っていた故と推測されるが、禁令を承知で高価な黒貂の毛皮などを交換物資として持来り、珍重されていたことが『源氏物語』の末摘花の項で、後朝に羽織って出て来た姿でも想像できる。硬い鉄製品と柔らかい毛皮との交換とは、有無相通ずるとは言え面白い取合わせである。

北辺の製鉄遺跡

遺跡については、筆者は東北地方の一割も歩いていないので、発表された資料にもとづき紹介するに留める。

樺太・北海道

樺太はニブヒ族などによる大陸からの伝播が想定できるが、資料に乏しいため具体的な例示が困難である。北海道については鍛冶遺跡は多数報告されているものの、製錬遺跡は的確なものが無く十九世紀まで行われていないと考えられてきた。

鉄器の使用開始についても、江別市の墳墓から短剣状の鉄器が、森町白内貝塚から鉄片が出土したのが古い例で、その後の発見例と合わせ先学の研究成果では、大部分のものは七世紀から八世紀頃と推定されている。

後に倶知安とか徳舜別、仲洞爺といった褐鉄鉱の山が幾つも開発され、第二次世界大戦中は日本製鉄の室蘭製鉄所がこの鉱石で操業をしていたから、それほど遅くまで製鉄が行われなかったというのは、温暖な南を指向した寒帯民族の集団が通過していったはずなのに、原始製鉄の痕跡が無いというのは若干不思議な気がする。

東北地方

東北地方も鉄器の使用は遅れており、特に発掘調査の遅延のためか北部でその傾向が著しいとされていた。しかしそれでも青森県岩木山麓に分布した、西津軽郡の鰺ヶ沢町の大館森山、大平野、若山などを始めとし、次いで昭和六十三年に発掘された杢沢の鉄製炉があり、往時の蝦夷製鉄と言われたものの技術水準を示す遺構として注目されている。

大館森の場合は竪形のシャフト炉であり、炉形のみでは凡そ八〜九世紀のものと考えられる。付近の他のものには山人や農民の関与したであろう野鑪が、年代の進展に従ってか形式を変えつつ散在している。

しかし東津軽郡三厩村の宇鉄に入っているのは、明らかに続縄文の文化をもつ民族のものであり、また蝦夷文化の伝播拠点の一つと考えて大過ないであろう。

下北半島の南部などで「ドバ」と呼ばれている赤く酸化した砂鉄（砂鉄を含む砂岩が赤いのであるが）を産出するので、こうしたものが目立ち易いため早くから利用されたと想われる。東津軽郡の平館村付近には後世になってのことであるが、ここにも鉄産に関連したのか野田通聚落なども残っている。

もう少し南へ移ると岩手県北部では下閉伊郡の田野畑村に製鉄の遺跡がある。砂鉄の存在を知る県南の工人達が、飛び石的に移住してきて操業したとも考えられる。室場などにはまだ幕末期に稼働した鑪（烱屋）跡が未発掘のまま残っている場所もある。

宮城県中部・南部は伊達藩が初期の頃から経営に力を入れ領内の各地では砂鉄を採集し製錬を行ったが、その母体は少なくとも既に伊達政宗以前の葛西氏時代に始まっていたようである。伊達家に仕えた製鉄関係者の『先祖勤功書上』などの記載には、葛西時代の鉄産があまり書かれず。その後の努力のみが大きく書かれているのは、強大な藩体制の中で冶鉄を以って仕えた技術者ならではである。

しかし岩手県南東端の東磐井郡藤沢町大籠一帯で成長した烔屋六人衆（佐藤但馬、佐藤肥後、佐藤伊豆、佐藤伊賀、佐藤丹波、須藤相模、他に千葉土佐ら）の出所であるが、彼らはここに住む以前、気仙沼市南部及び本吉・歌津・志津川辺りに散在していて、原・燃料の事情から移住してきたものであって、この辺は現在宮城・岩手両県にまたがっているが、以前は前出した葛西の旧領地であった。また後に伊達藩領になって、鉄を造る「大ふくろ」をしつらえたと言われる玉造郡の岩出山も、慶長年間から伊達氏が新設したということではなく、踏吹子による既存工房の設備増強を暗示しているのではなかろうか。

僻遠の地とはいえ急に製鉄が始まったのではなく、原始的な野鑪式のものは操業し続けていたようである。やがてこの東北地方にも鉄砲による戦術革命の波は押寄せて、鉄が増産される機運になってきていた。前述北上山地に点在する多数の製鉄遺跡のみならず、奥羽山脈をはじめその西に連なる真昼山地や、朝日山地などに眠る十分調査されないままの遺跡は、用途の別はあれ野鑪時代と想われるものも少なくない。おそらく鉄文化が普及するにつれ極小規模で操業されたものではなかろうか。

この地域は鉄山の稼業が新設、廃止と変遷があったものの、下閉伊郡田野畑町を中心に室場鉄山や大披鉄山、さらに室久保鉄山などがあり、田老町、登米郡東和町（狼河原鉄山）や東磐井郡藤沢町などにも散在していた。北側に接し善代村には割沢鉄山などもあった。

この付近の砂鉄が良質なことは古くから知られており、名勝猊鼻渓の東側五キロから十キロの地域に散在する、東磐井郡の室根町にある折壁とか矢越（旧釘子町）、さらに大東町の摺沢などのものが上質とされ、この辺りの砂鉄は素鉄街道を通って東磐井郡大籠の烔屋へと運ばれていた。

青森県西津軽郡鰺ヶ沢町で後に町に編入となった湯船村に、鉄砲伝来の天文年間に猛房と呼ばれる刀工が住んだという。この辺に杢沢製鉄遺跡があり、炉遺構が発掘され羽口や鉄滓が出土している。

なお弘前市東北部の十腰内は伝承に基づくものであるが、農民が異相の鍛冶工人の姿を瞥見して、刀鍛冶鬼神太夫の鍛刀物語を創作したのであろう。

前記伝承地の南側大館森山遺跡も平野Ⅲ号遺跡も、ともに平安時代に操業した製鉄遺跡とされている。砂鉄製錬は鉄の需要増大を反映して、十九世紀初頭から東磐井郡の千厩町に鍛冶鋳物師が定住した。橋野や大橋などの高炉操業も先人の烔屋渡世など、現代流に言えばこうしたＤＮＡを引継いでいたはずである。

年代はこれらより大部遡上するが、南へ下がって、宮城県白石市の福岡深谷地区に散在していた原始的な製鉄の跡は、中国東北部満州吉林省の製鉄所で現在も焼結鉱設備として使われているものの祖形と考えられる。九世紀頃つまり天平文化の時代から弘仁・貞観の時代、東北地方がまだ極めて不穏な頃に、この白石の地＝多賀城国府にほど遠からぬ南側の地で、北方系渡来人によって鉄が造られていたことが判る。故佐藤庄吉氏という農家の方が所有の畑地で発見したため、素人の調査として遺跡はあまり重要視されなかった。それでも炉底材料に縄文土器破片が何個か使われていた点と、墨書土師器が一点採集された点から、佐藤氏と岡山大学教授であった故和島誠一先生との間で、縄文時代末期と平安初期の年代に関する論争があったりした。

このように八世紀頃は東北地方南部では原始的ながら盛んに製鉄が行われていた。前記宮城県多賀城市の国府跡近傍の柏木遺跡では、本格的な小型竪形炉三基を中心にして砂鉄製錬遺構が発見され、追加で国指定の史跡となっている。立地的に見ても国府駐屯兵の武具や農工具の調達拠点であろう。

年　代	施　工
647(大化3)	渟足柵築造
648(大化4)	磐舟柵築造
708(和銅1)	出羽柵築造
724(神亀1)	多賀城築造
733(天平5)	出羽柵移築
759(天平宝字3)	桃生城･雄勝柵築造
767(神護景雲1)	伊治城築造
802(延暦21)	胆沢城築造
803(延暦22)	志波城築造

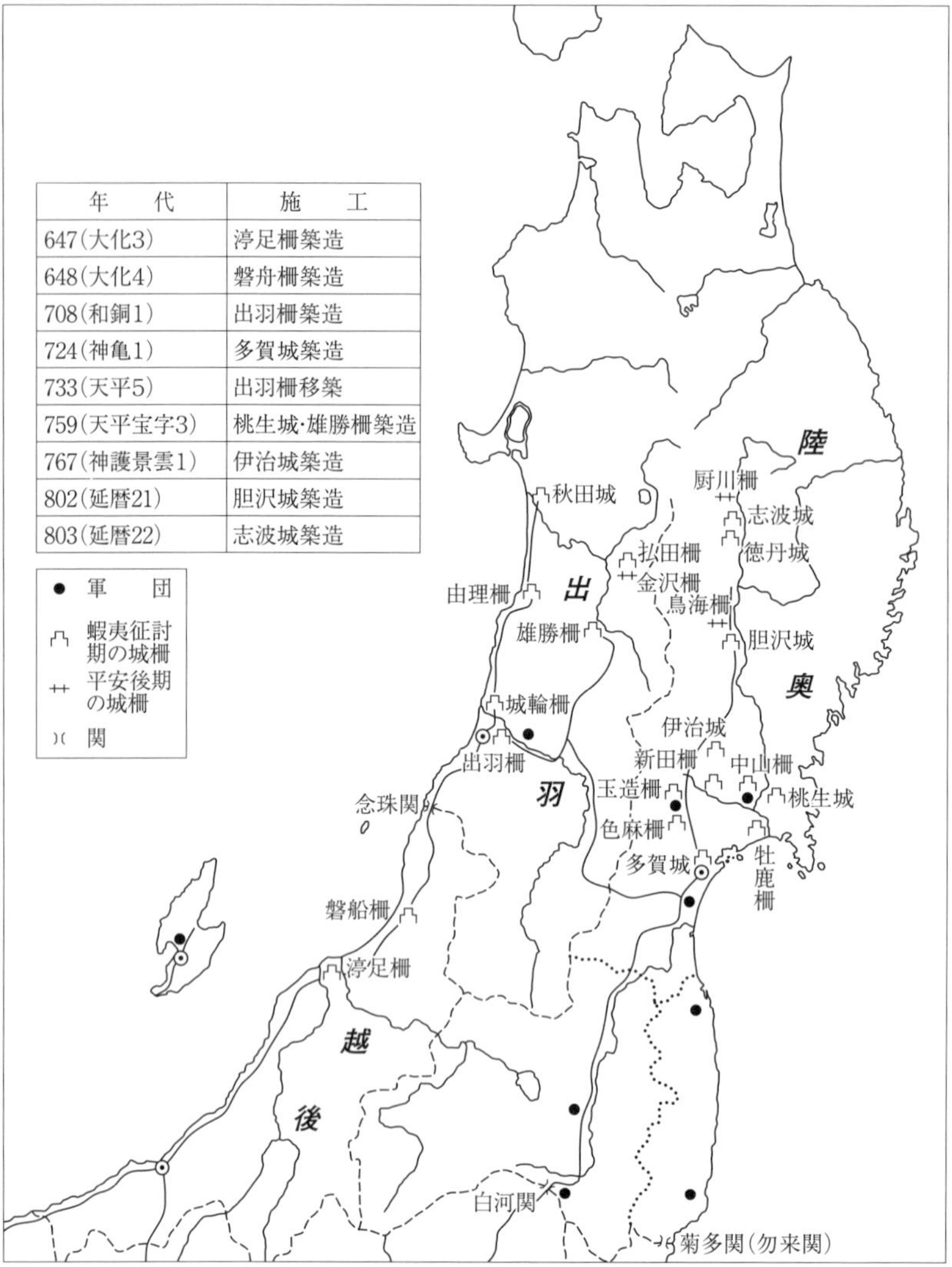

古代東北地方の城柵と築造・移築年代

福島県の相馬市や原町市（現南相馬市）辺りでは製鉄遺跡として箱型炉にシーソー式の踏吹子を連結させたものが多数出土し、須賀川市では直径十二センチもある巨大な粘土製羽口を伴う遺構が発掘されている。伊達郡国見町（現伊達市）の山居遺跡では丘裾の傾斜地を利用して竪形炉で操業していたが、比較的小さなラッパ形の消耗した羽口を残し、跡地は整地されて果樹園になってしまった。

また相馬郡の北側にある新地町駒ヶ嶺の向田、同今泉の武井両地区に分布した大規模な遺跡が常磐線と国道六号線に挟まれた形で発掘されている。この地域は東側に僅か二〜三キロの距離で豊富な砂鉄が採れ、それと内陸部の小楢《コナラ》、椚《クヌギ》などの炭用材を炭窯で焼成製炭して製錬した。年代的には八世紀後半から九世紀前半頃のものであり、炉形は向田F、E、Bなどのものは長方形と報じられている。一部には鉄亜鈴形や船底形と呼ばれた形状を呈しているものもあった。ここでは鍛造・鋳造加工段階の工房跡が見られ、向田A地区からは当時溶製の難しかった銑鉄鋳物の製作に使う粘土製鋳型が出土している。金に糸目をつけない仏教寺院の用具であったとしても、当時の技術では大物の一体鋳造は無理と考えられ、別鋳で造り鋳絡操《いがらくり》の技法で組み立てたものであろう。

製錬炉は一部崩れて形式が曖昧なものもあるが、全遺構の合計では二十基を超えており、地山の斜面を利用し掘り込んだ状態で成型しているが、機能的には半地下式といった築炉法である。なお炭窯の跡も百を超えており、工人住居や工房跡のような竪穴住居にも配慮すると、ここには官営の一大コンビナートが当時なりに存在したものと思われる。

東北地方での天秤吹子の採用については当然出雲よりの伝播をまって、規模の大きな烱屋で試用され始めたものと考えられる。『棟梁方御用留』によると、寛政八年（一七九六）頃にはこの新技術が知られ始めていたらしく、天保八年（一八三七）まで降ると『御鉄吹方大天秤由来』といった文書も伝わっている。これらの記述は或いは採用でなく、知識の流入として追記されたものかもしれない。

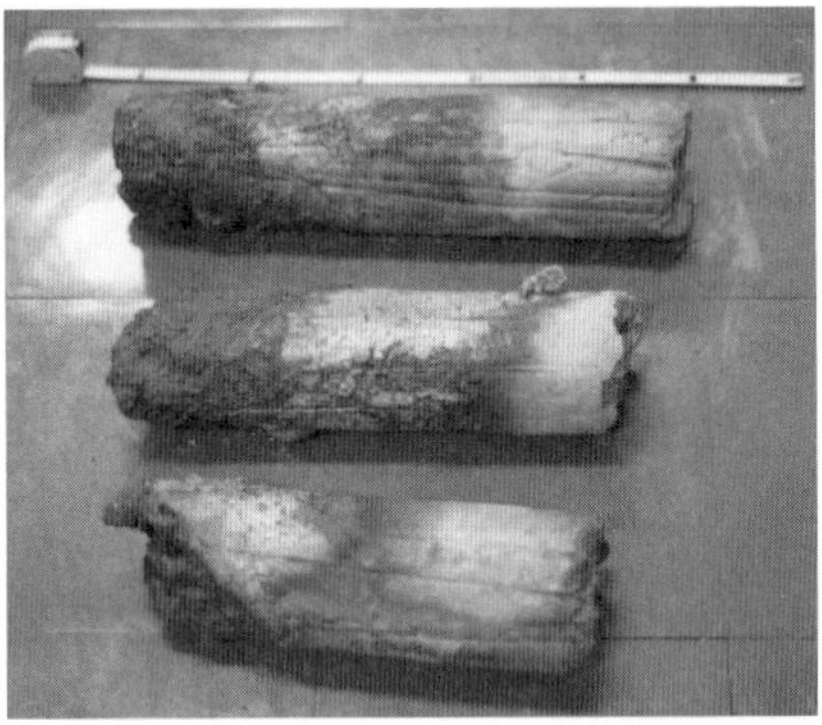
福島県須賀川市沢又山遺跡の大径製錬羽口

新しい年代になるが、これを具体的に採用していたのは福島県東白川郡の小半弓遺跡で、ここは他の個人的操業とは異なり、白河藩を挙げてのものであった。この遺跡は昭和五十八年に発掘されており、大型の鉧塊を生産する本格的な計画で、出雲地方から技術を導入し天秤吹子を設置して操業をした。殿様芸と揶揄されているのは技術的成功を見ることがなく、その上投資が過大だったことを示すものであろう。地元産の砂鉄が高チタンであったことも難行原因の一つと思われる。寛政十二年（一八〇〇）頃のものである。

さらに岩手県東磐井郡大東町の山口山烱屋の設備がある。これは、さらに後の明治十年頃であるが、鉱部省鉱山技師長のゴットフレーが巡視しており、随行の渡辺渡が詳細な記録をとっていて、当時の東北地方では突出した近代的設備と想像される。

「南部牛」を利用した鉄と塩の運搬経路で知られる「野田通り」は現在の岩手県の三陸中部、野田代官所支配の九戸郡野田村から複数のルートで北上山地を横切り、盛岡市方面から奥羽山脈の秋田県鹿角地方にまで至っていた。

【補註】

鉄は稲荷神のもたらしたものとされ、能『小鍛冶』などに見られるように刀工の相槌の様子が良く絵画にも描かれている。しかし東北では相槌のみでなく吹子押しなどにも登場する。弘前市では赤倉沢の鬼神信仰が盛んで（宝泉院蔵鬼面が著名）ある。同市十腰内の巌鬼山、菖蒲沢の鬼神社などは坂上田村麻呂創建と伝えるが、刀剣、鉄製農工具の奉納があり、現在は農業の守護神の色彩が濃いものの、かつては鉄人鬼神の信仰であったと思われる。

鉄文化　北からの南下

わが国の玄関口は現在でこそ、東京・横浜・大阪・名古屋などになっているが、それは主に幕末外交が始まってからの話である。旧来は湾曲を呈した東北、北陸、山陰の沿岸部に面した各地が、地形と海流の点で利便性に恵まれていた。したがって後の商都大阪は別として、山陰各地が小さいながら諸物資の集散地であった。

このためこのような場所を指向した北方からの渡来人は、居住のためには温暖な農耕適地であることが第一の条件であるが、一方では原始技術を持った工人達、鉄や玉のような高価な原材料の産地を目指していた。また年代が経つと十三湊・酒田・柏崎・輪島・三国津・温泉津等々は、靺鞨など北方地域から日本海側各地を海から繋ぐ好ルートであった。

裏側の文化の遅れた地のように考えられてきたが、漂流民のようなものだけでなく歴史的に知られている渤海使もあり、後の各種北廻り航路で海港が増え決して沈滞した地域では無かった。これらの地域で、近年になり製鉄を始め加工鉄器の遺物が多数発見されている。もっとも筆者はこの辺りでは新潟県の北部にあった、四十年も前のことであるが、真木山・本田山、それに新津市付近の遺跡を見た程度である。

ただ、真木山の遺跡調査では、砲丸状のものと若干の不規則な鉄塊が出土し、現在人間国宝になられた天田刀匠によって鍛造が実施され、ダマスカス模様が表面に現れたという。しかし当時日本の出土鉄塊でこうした現象が発生した例は無く、刀剣鑑定の某大家ですらも中近東辺りから買ってきた古鉄を鍛造したものを、偽って説明しているのではないかと疑う始末であった。この点については故大野兼正刀匠と筆者が対談したときに、同氏から「過剰な鍛錬をすると折角できたダマスカス模様を、消してしまうことがある」と教えられた。

それはとにかく、これらの地方の遺跡から出土した太刀は、不思議なことに皆平均して刀身がとても実戦には使えないと思うほど長い。いずれも弥生後期あるいは終末期のものであるが、大阪府立弥生文化博物館の資料で見たところ、全長一メートル前後で次のようなものがあった。

福井県原目山一号墓	弥生終末期	百一センチ
福井県乃木山墳墓	弥生終末期	百十二センチ
兵庫県妙楽寺墳墓	弥生後〜末期	九十四・五センチ
鳥取県宮内第一遺跡	弥生後期	九十三センチ

各地の教育委員会などを調査したら、沿岸部だけでもまだ類例が出てくるであろう。

弥生末期または終末期と判定されているからには、本来は豪将が手にして敵軍の中へ飛び込まなければならない武器のはずである。しかし細くて長過ぎるだけでなく柄《ツカ》の部分が短きに失しており、その上目釘孔が末端に近く御印《おしるし》のように明けられている。これでは柄を握る部分に力が入らず、刀として斬り合いに使うのは不可能である。武器としてはこれではどうしても長柄の鉾のようにして、平素は陣営の表に飾り立てるとか、傍らの従卒に奉持させるといった権威の表徴的なものだったであろう。

【補註】

（一）かつて日本で開催された『アルタイ・シベリア考古学展』を見たが、その地域の火打鉄は四〜八世紀のものと推定され、鞐鞨のものであったが形態は日本のそれとほぼ同形であった。

鳥取県の青谷上寺地跡遺跡で出土の、弥生中期と見做された鋳造鉄斧も、前記考古学展に同様なものが展示されていたが、柄を受ける袋の縁に不完全ながら打撃・衝撃を避ける一条の浮き出しの線が付いたものがあり、その年代は実態より若干遡った判定のように思えた。

これらの巨大鉄刀が埋納されていた遺跡以外にも、鉄器の多量出土遺跡は多々あり、特に京都府岩瀧町の大風呂南遺跡や鳥取県西伯郡大山町の妻木晩田遺跡など、筆者が年老い始めた平成中期になってから是非とも見学したいと思う遺跡が発見されたが、残念ながら八十を超えていてはと、ドクターストップがかけられてしまった。

（二）なお最古と公表された製鉄遺跡には、岡山県久米町の大蔵池南製鉄遺跡と名付けられた六世紀末を若干遡ると推定されたものとか、更に遡るものとして同県総社市奥坂（よく知られる鬼が城の近傍）にある千引カナクロ谷から四基の箱形炉が検出されている。

七～八世紀になると渡来人も増え、丹後半島に工人が定着したと見えて、京都府竹野郡弥栄町木橋の遠所遺跡で砂鉄採集跡を始め長方形還元鉄炉、鍛冶炉と揃い、七基と十二基の炉跡、炭窯跡は実に二百八ヶ所、さらにそれらの操業に従事した工人たちの住居跡もあった。

なお近年、瀬戸内海交通の中継地点の淡路島でも、多くの鍛冶遺跡が発見されている。

北からの製鉄ルートを探る

想像するに勿吉《もっきつ》の後継である渤海時代よりも千年以上前に、現中国東北部に蟠据していて南下を企図していたツングース系の沃沮《よくそ》、挹婁《ゆうろう》、夫餘《ふよ》などと呼ばれた人々の中には、すでに細々とした製鉄や鍛造の技術が知られ始めていたと考えられる。

例えば後に渤海に包含された鉄利族の先祖のように、アムール河沿岸に居住していて冶金技術に習熟したグループなどが、含まれていたのではないかと推測できる。

日本への移動は、アムール河（黒水、黒竜江）河口から東へサハリン（樺太）経由でも、途中ウスリー河沿いに沿海をウラジオストック辺りに向けて南下してもよし、直接鉄産地のキンカムから小シンアンリン山脈東南を越えて、内陸を松花江沿いの肥沃な暖地を目指したものとも推測できる。

龍谷大学の徐光輝先生も雑誌に書かれていたが、筆者も二十数年前ハバロフスクの歴史博物館で、渤海以前の鉄器が多数収蔵されているのを目にしている。

だが、これらの地域の民族が江戸期末でも鉄を入手し難く、日本（アイヌ人などの一部も含むであろう）から物々交換によってしきりに鉄を欲しがっていたという、幕末の探検記の記述はどういうことなのであろうか。

しかしその一方で、後に中国東北地方に分布した民族は金や元の時代に瀋陽や吉林などの辺りに住んだグループが、山西省大同府へと強制的に製鉄技術民として移動させられ、明の時代にも同じようなことがされていたという。政治経済的な背景があったとしても、鉄の古鍋や小刀まで欲しがった人々が、技術者グループから隔絶した状態で居住していたということになってしまう。これでは鉄を使える少数の人と全く持つことのできない人といった、極端な文化・貧富の格差が存在したと解釈する他はない。

このように見てくると異文化をもった人々が、青森の十三湖や宇鉄、佐渡、能登、そして日本海側を移動していき、はては隠岐島にまでも渡来して、日本海沿岸はもちろん出雲へも大勢上陸しているので、この辺の事情も一度組織的に調べなおす必要があるのではなかろうか。

勿論中国からの搬入もあり多くの出土品が出ているが、ただ単に韓国から北九州へ入った鉄器文化が東へと山陰や山陽に伝播し、さらに北へと浸透していったと言うのでは、文化の流伝を考えるうでに話が判り易いにしても、短絡的に失しているのではなかろうか。

なお下北半島の恐山に、後になって付けたのであろうが、「ドウヤ地獄」のような名称がつけられているのも、鉄屋工人の往来があったことが予想され注目される。

鉄の加工と物性

鉄製の刀剣は酷寒の地では打撃に弱く折れることがあり、また温暖の地で低炭素に過ぎると程度の差こそあれ戦闘に際して曲がることがあり得る。

折損するのは冷間脆性の影響だが、曲がるのはほぼ炭素の少ない部分である。この点について理論的視覚的に判り易く書かれているのは俵国一先生の『日本刀の科学的研究』の図版である。古墳出土の鉄剣の断面図七例を紹介し、含有炭素量の多い部分、少ない部分、焼きを入れ硬化している部分などを黒・白・鼠に色別して作図し掲載されている。

これから見ると部分的に不均一で、長さ方向での成分のバラツキが判らないが、いずれにせよ低炭素部分が多く、いわゆる現代の刀剣評からは鈍刀に相当しており、それに銹で減耗していて旧形よりかなり痩せて小さく見える。このような刀剣であれば、実戦では曲がる場合が生じるのは当然のことと考えられる。

日清・日露の戦役時代にはまだ戦術が進んでおらず、武士気質も残っていて、出征には先祖伝来の名刀（とは言え大部分は江戸中期末期のもの）を持ち出した。古来からの東北地方での戦乱体験が判っていれば、かなり損傷は食い止められたであろう。何故ならば東北では古くから段平《だんびら》で長さの短い、いわゆるサバイバルナイフのような刀が使用され、阿弖流為《アテルイ》の伝説化した悪路王のものと伝えられる刀をはじめ、多数の蕨手刀と称された北国特有の出土刀が実戦に用いられてきたからである。後にその体佩は南下し、信濃の称津村で出土し、さらに奈良正倉院の犀角把形の刀子にまで類似性をもたらしている。また各地の古墳から稀に寸の短い肉厚・幅広の太刀が現れているのも、鉄の持つ冷間での脆性という理論までは知らずとも、実戦に際しての折損という危険性を知り、製作に当たって頑丈な形にしたのであろう。北方民族の南下によって教えられたものも少なくないと思う。

東北地方でも刀剣鍛造に当たって、経験的に冷間脆性を知っていたであろうことは、『常山紀談』の中で伊達政宗の侍大将片倉小十郎の言葉として、「片倉が組の士三十人の中二十九人は討死したり、是見られよとて、鍔まで血に染みたる刀の曲がりたるを見せてけり」とある。折れない日本刀が名刀で、勇武の象徴とも見られている。

何れにしても東北地方で厳寒期に攻撃を仕掛けないといったことは、この辺りに起因するものである。蕨手刀の幅広肉厚で機能的なデザインは、極寒の地に住む民族が気温から来る鉄の弱点を知り、長年の体験を踏まえて考察したものであろう。これは刀剣であると同時にサバイバルの万能利器としても重宝なものである。

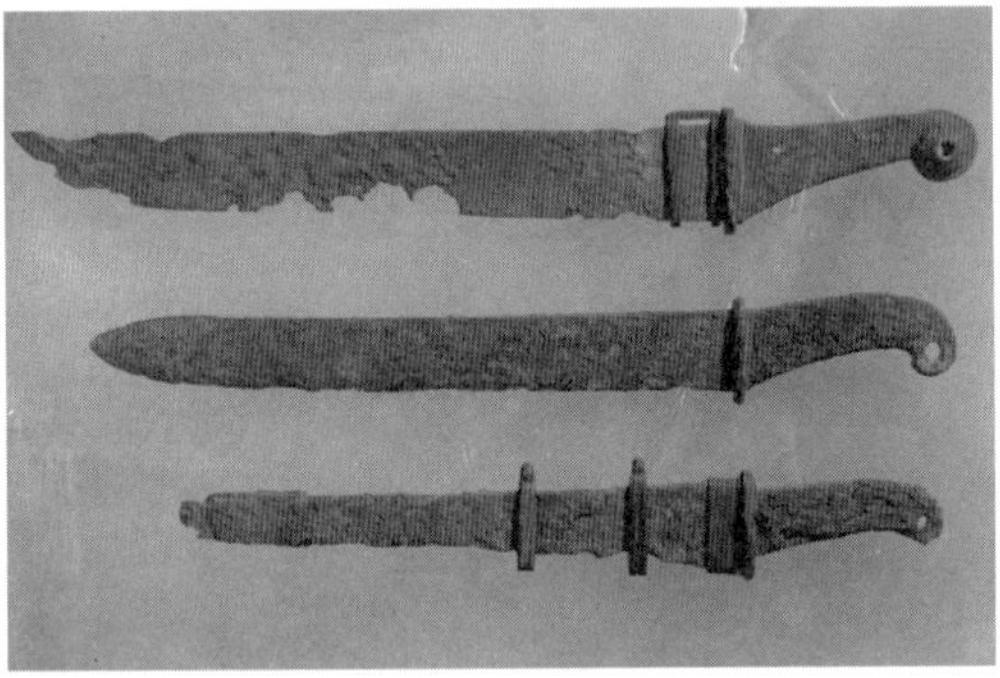

蕨手刀

ただ握りの早蕨を象ったような形状について、これは出土地が雪深い東北で山菜の多い地域であるため、その呼称を後世の考古学者が出土品に対してつけたもので、筆者も妥当な名称だと長年思ってきた。ところがカザフスタン共和国の首都アルマータで、ここの美術館の絨毯に同じような模様があったのを見て、同館の学芸員に何の絵かと聞いたところ、イシク湖の湖面に立つ風波だと説明された。行って見ると豪雨で湖岸は崩れ水位は大分低くなっていたが、八百メートルを超える高地で荒れ狂っている波の印象からさもあろうと思えた。しかし原野に放牧されている羊の群を見ると、気が変わってその角の形状と見えなくもなかった。

【補註】

（一）蕨手の刀は全国各地で出土しているが、蝦夷人の濃密な居住に比例しており、北方地域の北海道・岩手県・宮城県がもっとも多く、中でも岩手県では七十余振と格段に多い。研ぎなおした刀身は黒色を帯びた砂流れの肌とも見えるのは、優れた刀工に恵まれ鉄鉱石や砂鉄が採れたためであろう。

（二）昭和二十三年頃のことであった。某国の大型リバティ船が凍結した港内で大きく破損、沈没した事故を新聞で見た。その原因は主要構造がリムド鋼の厚板を溶接したもので、成分的には硫黄の偏析と気泡が悪影響を与えたものである。まだ鋲接構造が中心で溶接船が少なかった時代であり、技術の不手際もあるが冷間脆性の影響が大きいと考えられていた。

これは巨大なものの一例であるが、この冷間脆性による破壊は構造物の切り欠き部分などで昔はしばしば発生した。しかしこれが個人的欠陥として目だってくるのは、寒冷な地域の戦場における刀剣の場合である。蓑笠で草鞋の上に樏《かんじき》といった出立ちで出陣のような場合、こうした気象条件に慣れた北方の民族は長年の経験で、原鉱の選択や炉内操作を工夫して適応した刀を作ることもできたであろう。しかし西南方から北上したような民族は、冷間脆性という寒さで刀身が脆くなる現象は全く知らず、思いがけない苦戦を強いられることになった。

なお鉄製錬の中で銑鉄ほど地域差のある生産過程を経たものは珍しい。欧州では十五世紀まで鋳物に使う銑鉄はできなかったと言われている。しかし中国ではすでに秦漢時代に生産されており、鉄官と呼ばれた官営工房で鋳造された遺物もある。こうした世界に例を見ない中国の先駆的発展は、突出した青銅冶錬の技術に負うところが大きい。青銅坩堝や原始的吹子の利用、さらに銅や燐を含む鉄鉱石が多量に採掘されたことによるものであろう。

中国新疆ウイグル自治区の庫車（クチャ・旧亀茲）の鍛冶屋の工房でシャベルを造るところを見たが、ほとんど成型が完了した外観が黒い状態のものを、金床の上で周囲を叩いて仕上げていた。刃に相当する周囲の部分の冷間鍛造での仕上げである。見廻したところ原料は建材の解体屑であった。恐らくこれは加工硬化技術の片鱗を知っていて熱処理の代わりに簡単なこんな技術を、辺境で親方から弟子へと伝えてきたのであろう。

地域性のある砂鉄

砂鉄

砂鉄は火山国の日本には質の良否を別にすれば、何処にでも敷存していると言っても過言ではない。もっとも製鉄原料として鑪場で珍重された砂鉄は、チタン・燐・硫黄などの不純物が少ないもので、特に伯耆、出雲、石見などで製鉄関係者が言うところの真砂砂鉄は、純良なことで定評があった。伯耆大山から西へ石見の丸瀬山の間に産する真砂が高い評価を受けていた。これらに比肩したものは播磨や筑前のものである。なお真砂・赤目の別は鑪場に働く村下、炭坂などの勘によって区分されていたものであるが、母岩が花崗岩系か安山岩系かにもよるが、素人判りでは篩分けによる粒度の大小でも見当がつく。真砂の粒度は六十メッシュピーク。その上真砂には荒真砂と呼ばれるような極く荒いものもある。色調は含チタン磁鉄鉱らしく銀鉄色を示す。赤目は粒子がやや細かく百メッシュピーク程度で（一部赤鉄鉱化している関係で）、やや赤褐色気味を呈している。

この砂鉄について雲州、石州、伯州などでは、前記のように真砂、赤目と区分して呼んでいるが、これは鉄山従事者特有の呼称であり、科学的研究から発したものではない。

操業前期に使う「こもりの粉鉄」は溶け易く、短時間で熔融し鉄滓を造って炉況を整えるもので、この採集場所は特に村下の秘伝とされていた。

『鉄山必要記事（鉄山秘書）』では山砂鉄は砂鉄三駄で鉄一駄の採集というが、しかし長年いいとこ取りをしてきてしまい、三駄で足りるほどの原単位の良い砂鉄母岩はなかなかあるものではなく、三駄半から四駄が必要であった。川砂鉄や海砂鉄も採集が楽なので結構使われていた。海砂鉄は塩分が混入されるので良くないと言われるが、斜めに立てかけた樋流しで水洗により洗鉱・採集された。塩分の欠陥も操業用の鶴嘴《つるはし》、鋤簾《じょれん》などの道具を錆びさせる程度であり、原料としては水洗いさえ良くすればチタン分も減り、炉中で灼熱を受けるのでそのようなことはない。

真砂と赤目

真砂の採集現場は島根県の東部にある羽内谷《はないだに》で、鉄穴場の山走りから大池・小池・中池・乙池と通して見た。そこの砂鉄は当時（まだ水質汚濁法の施行されない昭和三十二年頃）最も優れた質のものであると言われていた。しかしその後に砂鉄の産出場所を廻って見ると、確かにここは上質のものではあったが、鑪場で工人達から伝承的に説明されるほどのものではなかった。『鉄山必要記事』などの記載からすれば、良質とはいえ粒の荒さや色調など、必ずしも完全に該当するものとは見えなかった。

砂鉄は掌に強く握ったときの感触でその品質が判断されてきた。真砂の場合、一粒一粒が掌《てのひら》の皮膚に微妙な痛みを感じさせるので、その程度の差を知るのがキーポイントであった。

赤目と呼ばれるものはこれとは対照的で、近傍の雑家《ざっか》のものを見たが、この場合は握った感じが掌に若干ソフトな、極端に言えば真砂が角のある砂らしい感じなのに、赤目は丸味を帯びたような肌に馴染みやすい感じを受けた。分かり易く言うと真砂が結晶塩なら赤目は砂糖といったところで、違いは酸化度の関係からくるのであろうか。

この赤目の採集現場も前記のときに一緒に廻ったが、そのとき泥濘状の鉱区内に長靴で入ったため足を取られて進むも退くもできず、大声で助けを求めたようなこともあった。事務所小屋に隣接した当時の選鉱場では回転ベルトに磁石を取り付けたような素朴な装置で、砂鉄を分離採取していた。当時なりの採集の合理化であろうが、ここの砂鉄は赤目であり、素人目にも真砂との中間物のはずで、含チタン砂鉄（磁石につかない）は、地域によって異なるがここには幾らか存在するはずであった。また本来磁石につかないはずの赤鉄鉱はどうだったのであろうか。

いずれにしても真砂と赤目は厳密に分類できるものかどうか、今日言うところの科学的な区分とかなり異なっていたようである。こう見てくると鉄山での砂鉄分類も、限定された地域で採集されたものを長年の使用上の慣れによって分けたものであり、工人達の肉眼による判断と使い勝手からきたもので、単純に真砂と赤目に二大分類できたようなものではなさそうである。産地の土質・岩質にしても土地土地での違いがあり、そのほか川や海での混合した砂鉄もあって百種百様でのはずである。

鉄穴場（出雲旧羽内谷）

なお、砂鉄の分析表を見るのに注意を要する点は、チタン、バナジウムと言った非金属介在物の含有量、それに粒度の関連もあるが、これらは清め洗いの度合いによって、かなり違ってくるという点である。中国地方特有の真砂・赤目の区別など、長年の経験でやってきているが、実際はそう簡単に言い切れないもののようである。

従来から高殿での製鉄技術は鉧押法と銑押法に截然と区別してきた。しかしこれらの操業実態は曖昧なもので、鉧押でも良い銑ができないと、結果的に炉底に核鉧《さねけら》ができる。しかしこの場合核鉧は邪魔物で、村下は檜通しで移動させながら熔融した。幕末の秘伝書にもこうした区別を意味する記録は無く、実際は両者の兼ね合いで操業していたものである。したがって百パーセント鉧を造るとか、百パーセント銑を生産するといったことは勿論なく、鉧押でも銑ができるし、銑押でも鉧ができていた。ただ表現上両者を分けるとすれば、習慣による真砂・赤目の区別とともに、その製造目的を村下が何処に置いていたかであろう。

日本では出雲を中心に中国地方、特に雲伯二国の砂鉄が知名度が高いが、博多湾付近の砂鉄も良く知られている。青森県では東部のマサ、ドバ（水酸化変質砂鉄）、現地では白柾・山柾などと言われるものも雲伯とは違った技法で活用されてきた。幕末からその産地は爆発的に増えている。

浜砂鉄

島根県の江津、鳥取県の皆生をはじめ、茨城県の鹿島灘、千葉県の九十九里浜、青森県の下北半島、鹿児島県種子島や薩摩半島南端の指生《いぶすき》などの砂鉄がよく知られている。伊豆半島の東岸や神奈川県三浦半島のものも昔は使われていた。

石田春律（初右衛門、現・島根県江津市松川町）の著した『金子屋縁起抄』（一七九〇頃）では、海や浜の砂鉄は塩分を含むので駄目だと述べ、雲伯の鉄山関係者はこの考えを踏襲してきたが、これは憶説であり、前述のように水洗や事前焙焼も行われているので、製錬を終えれば関係なくなっていたはずである。現実に石見では盛んに浜砂鉄を利用し、伯耆や種子島でもこれを重用していた。

鉄穴掘りと水選分離

操業の主役となる山砂鉄の採集は、風化した花崗岩の地帯を切り崩して河川に流すが、河川の無い場所では夜間焚き火による傾斜測量などをし、遠方から傾斜面伝いに引き水をされ、砂鉄を含んだ土砂はまずこの水流の中へと、鍬や鶴嘴で崩し込まれる。最初の走り～砂走りで粗く砕かれた風化花崗岩主体の土砂は、大池・中池・乙池と下り、洗樋を経由して、足し水を加えつつ泥水とともに軽い砂分を流し去り、砂鉄七～八十パーセントにするが、流れの底や両側は現在の（復元）設備のように製材機で挽割った板を定寸に揃えて貼ったものではなく、不揃いなベタ板が使われていた。さらに仕上げは鑪場に付設されていた洗い船で清め洗いをされるという。しかし正直のところこれでは洗い過ぎであって、品位判定からの砂鉄売り込みの農民に対する鑪場側の買い叩きである。品位測定には歩尺《ぶしゃく》という道具を使う。これは原始的な磁石であり、装入のときに溶融性を良くするために廃砂を混合することと矛盾する。この建前は購入に際しての駆引きがあったような気がする。

『淘鉄図』には「農人作業の透間《ひま》にこの鉄穴を取りて鑪に売る」とあり、農村部の人（地下《じげ》と言う）は日常の仕事から水懸りの作業には慣れているので、農閑期は現金になる季節労働者として、馬方・人足など多数の出入りがあったのであろう。もっとも村方と山内の持ちつ持たれつと言っても、そこには自ずから力関係があったはずである。

さて、この砂鉄はどの位の量が消費されたのであろうか。歩溜り的に見ると幕末の天秤吹子を使う頃では、銑や鉧の生産量十貫目に対して、大雑把に砂鉄・木炭何れも三十貫余りである。この数字からも採掘・水洗で如何に河川が氾濫の危機に晒されたかが推測できる。この被害は太古からの話ではなく、主に量産されだした江戸時代初期以降のことである。例えば岡山県の高梁川は流域で鉄山と農民との濁水被害による紛争が絶えず続き、同県東部でも頻発していて、吉野川流域では周辺十九ヶ村などが公害を理由に、砂鉄採集の停止・反対の許可願を出し合っており、鉄産と農産の間で複雑な確執を常に生じていた。

このように鉄穴流しで生じた濁水は、下流に移りつつ土砂を沈澱させ、川底を上げて氾濫の危機をもたらした。土地の人々はこれを天井川と呼んでいる。斐伊川の下流などその最たるものである。

松江城下の宍道湖すらも早くから土砂が流れ込んでしまい、沈積による埋没が城の要害を損なうと河川の付け替えが行われるなど、憂慮されるほどの沈積量であったことが判る。この土砂対策は出雲では藩の事業として実施され、石見では宝暦年間に嘉久志鑪を操業していた横田五右衛門が施工している。解決策は河川の流路付け替えや廃土砂での海浜・河口の埋め立てで、そこが根付きのよい松樹などの植林地になり、後に成長すると魚付保安林になった。

この鉄穴流しの技法もその前に雨生鉄や川筋の沈殿砂鉄が採られてきた収穫である。

何処でも砂鉄についての評価は地域が限定され、他の産鉄地との比較も知らず、水洗の程度などによる品質の変動も、余り熟知していなかったものと思われる。古くから東北の砂鉄川周辺など広く採集されており、それに伴ってここでも濁水問題が付き纏っていた。

磁石についても

砂鉄は磁石についてくるので金属鉄の粉だと単純に考えている人がいるが、これは間違いであって金属鉄ではなく、少しチタンを含んだ磁鉄鉱の一種と見るべきである。

しかしながら真砂も赤目も鑪炉に装入される原鉱は、単なる磁鉄鉱粒とか赤鉄鉱粒とは断定できないものであり、チタンやバナジウム分の他に粒度とか酸化度といったデリケートな相違がある。技術史から見たら鉄鉱石の科学理論で律することも可能であろうが、鑪製鉄地域の山内で伝統的に使われてきた、特殊な経験による原料分類によるものとして、醒めた目でも見なければならないと思う。時には採集地によって見解が異なり、先生方から「アマチュアだから間違いを書いた」などとも言われているが……。

鉄滓は本来磁石につかないものである。未還元の砂鉄は磁鉄鉱粒と同様なものなので、このようなものであれば当然磁石につく。また銑鉄や還元鉄の小片部分が若干多く含まれていれば、これらも鉄滓と外観が似ているが付着してくる。

外国の砂鉄

筆者が歩いたトルコでは驚くほど良質かつ大量の砂鉄がヴァン湖を含め東北部の地域に分布していたが、まだ詳細は未調査のようである。特にトラブゾン市のスメラ修道院付近にあった餅鉄混じりの砂鉄は出色のものであった。ニュージーランドは日本に輸出するほどの産出があり、イタリアもティレニア海沿い各地と、アドリア海沿い南部のペスカラやバリに広く分布しているが、日本と比べたらそれほど高くはないにしても、チタンの含有量が五〜七パーセントあるためか、伝統的な古代製鉄はあまり発達していなかったようである。

【補註】

濁水問題は岡山県東部でも頻発しており、吉野川流域では周辺十九ヶ村等が公害を理由に砂鉄採集の停止、反対の許可願を出し合っており、鉄産と農産で複雑な利害状況を常に生じていた。

第四章　鉄の生産と利用

衛府の太刀の材質は斬りながら曲がりをなおす

鉄の刃物は生かすも殺すも熱処理の技術如何に掛かっている、と昔から言われている。それほどこの技術は奥が深く難しくて、刀剣の場合では厳重な秘伝の扱いであった。師匠から優れた弟子にのみ伝えられたものである。冷間脆性に耐え、折れず曲がらない刀が造られるためには、長い歳月の間にどのような紆余曲折があったのであろうか。焼入れの秘伝は別稿で述べることとして、この刀の熱処理に関連して興味深い記述が『平家物語』の巻四、「信連合戦」の部分に出てくる。語り物のためどこまで真実を記してあるかは疑問だが、当時の刀剣材質の一端を語っているので引用しておく。

検非違使の源大夫判官兼綱、出羽判官光長らの軍勢に三條の高倉宮以仁王（後白河法皇の第三皇子）が、源三位頼政の謀計で平家討伐の令旨を発した。しかしそれは脆くも破れ夜討包囲となったのである。この時以仁王の逃走を助けんがため、防戦に出たのがこの左兵衛尉長谷部信連であった。その戦いの描写は語り物ゆえの表現とも言えようが、「衛府の太刀なれど、身をば心得て作らせたるを抜き合はせて……太刀曲《ゆが》めば躍り退き、推し直し踏み直し、立ち所によき者（腕利きの者）ども十四、五人ぞ切り伏せたる。其の後太刀のさき三寸ばかり打ち折れ……」とある。語り物の最たる表現である。

この太刀についてであるが、近衛府などに出仕する官人が帯びていた衛府の太刀で、それは多分にこの時代儀仗用のものであり、実戦を意識して作ったものではない。衛府の太刀は儀仗と兵仗のものがあり、後者は毛抜形太刀とも呼ばれ武官の常用であるが、それでも実態は権威の象徴である。従って特注でもない限り形式は豪華であるが贈答などにも使われたものであって、十人も二十人も人間を斬るようなことはまず不可能である。斬りあいの最中に曲がったものを足で直すなどと言ったことは戦闘中にできるはずもないが、鉄から見たら形だけの鈍刀《どんとう》ということになろう。この形式的な鈍刀で十五人も斬ったとは到底考えられない。

鉄よき太刀と言い、また斬りあいを考えて精鍛したものと記しているが、どう考えても戦闘時にこのような使い方ができるとは思えない。不均質な低炭素鋼で焼きが甘かった、極論すれば焼きを入れてなかったのかも知れない。折れたのは刀身の真中でなく先端であり、十四、五人も斬った後でのことであったと言うから僥倖である。こんな刀でも振り回すだけはできたのであろう。信連は負傷して六波羅へ虜囚となり引かれたが、清盛の計らいで豪勇の士との ことで、少し話ができ過ぎている嫌いもあるが死を免れている。

紫式部の時代の宮廷に奉仕した武士達は、現在イメージするような勇武の士ではなく、清涼殿近くに奉仕する宮廷警備を専らとしていた人達のように見受けられるが、どうも当時は宮廷の在り様を想像すると、建築物の風水に基づく邪霊を払う呪術的職制の色が濃く、本来の武術を駆使して奉仕する部分は少なかったのではなかろうか。衣服にしても伝統形式的のものが多く、弓・刀をとって実戦的な警護をすると言ったことは極く少数例の場合に過ぎない。

前記衛府の太刀の材質は、反発力のある高炭素の材料を使って造ったものでは無い。むしろ反対に炭素分が低く軟質であって、そのため斬りあったら折れずに曲がってしまう危険性が高かったはずである。従って衛府の官人が不慮の事故で死亡した場合、埋葬に際して鞘など外装を外した抜き身とし、曲げて縛るか箱に入れるかして副葬したものであろう。衛府の太刀には外装は豪華でも、刀身はお粗末で竹光木刀のようなものすらも多かったようである。

とすると往時の名刀と伝えられるものはともかく、通常のものは軟鉄を叩き伸ばしただけの鈍刀、或いは焼入れを多分刃先に部分的に入れたか、全くしていない刀といったことが想像できる。この時代以前の出土刀剣はほとんど錆化していて、また文化財の関係もあり調べる術もないが、刀身全体を素材的な面から長手方向にも科学的に研究する必要があるのではなかろうか。筆者の見た例では四十年程前に、株式会社日本製鋼所が実施したもので刀身の先端焼入れとおぼしいものがあった。

曲がった刀と巻きつけた剣

U字状に曲げて副葬されていた日本刀は、文化庁の『発掘された日本列島』第二十三巻の解説で、「この種のものは瀬戸内海沿岸部で五例を数える」とされているが、これはどのような意味をもつのであろうか。民族宗教的な呪術を意味しているものか。近年の葬式で遺体の上に置く短刀のような習俗がすでに始まっていたのか、一緒に短刀六振りを伴っていたという。立派な銅板製経筒や和鏡も出土しているところを見ると、同書では佐伯一族に関係した人物を推定しているが、とにかく十二世紀頃の突出した人物の墓地であろう。

ただここでも気にかかるのは、この太刀の副葬状況である。通常は棺内に死屍と並置されるか、外周に置かれるのに対して、U字形にわざわざ曲げて収められていることである。現代の常識からは日本刀を曲げることは不可能であり、焼きなましてから曲げて入れるという手数のかかることも考え難い。とすれば初めから熱処理してなかったものかも知れない。

曲げて捨てた剣

その具体的な話の古い例は、『日本書紀』の崇峻天皇即位前紀巻第二十一であるが、この部分は西暦の五八七年に相当する。蘇我馬子と物部守屋の戦いで、守屋方の臣捕鳥部萬が敗色が濃くなったとき、「三《みつ》にその弓を裁る。還、其剣を屈《まげ》て、河水裏《かわなか》に投げる。別に刀子を以って頸を刺して死ぬ」とあり、人の力で剣の前後を持って力を入れれば曲がったのであろう。また別の刀子を持って頸を刺して死ぬ、つまり曲がってしまったから自害することにも使えなかったわけである。『書紀』の編纂年代を考えるとそこからでも百年以上も前の話を記録したものであるが、遡らせたものとして当時の鍛法の未熟な鉄剣は、折れることよりも曲がり易かった方が好まれたものと推測される。

高炭素鋼の剣

巻き付けられた剣は例がないわけではない。見たか聞いたものか時代は江戸時代中期で若干新しくなるが、谷川士清編『倭訓栞』前編の中に登場する。そこに「オランダ人持ち来る巻剣と言うあり。これは鉄を薄く伸べて、くるくる巻きて香合に入れ、蓋をして懐中するものなり。物を斬らんとするときは、共蓋の上にあるはじきを外す、時に中の剣飛び出でて、何にても切り落とす」という大変鋭利な刃物である。

如何に欧州の剣でもこの方式では高炭素のスプリング鋼でなければならず、懐中と言ってもマントの中に隠したのであろう。巻き込んであったのなら先端の刃部で突いたのである。フェンシング式の隠し武器を瞥見したものと思う。昔の大きな柱時計の発条《ぜんまい》のような鋼の帯がなければ製作できず、前記の副葬されていた刀剣や『書紀』のそれとは技術水準が大幅に違っている。これならTV東京で二〇〇七年に放映された『逃亡者《のがれもの》おりん』のドラマに使われた武器「手鎖」の方が、実際にあったはずはないがこの巻剣に近い。

なお巻剣の話は古い例では中国宋時代の沈括『夢渓筆談』第二十一の異事の項に出てくる。それは関中（陝西省）の仲謌という人物（一〇二六〜八三）の所持していた剣で、盒《はこ》の中に曲げて入れることができるが、取り出すと再びまっすぐになる。これも前出のオランダ人の巻剣と大同小異の話であるが、いずれにしても昔のことであり、記録者にも材質的な認識は無かったかもしれない。しかしこれは既に靭性（発条性）のある、スプリング鋼のようなものが存在していたことを物語っているのであろうか。

また銭塘（浙江省）の人、聞人紹の剣は釣り針のように曲がったとされている。これも同類のものが伝承したのであろう。

兵仗をもって権益を

悪僧の出現は史上定かではない。しかし仏教が普及し寺院が勢力を持ち始めたことを考慮すると、伝来して一世紀程度もすれば、当然徐々に出現してきたものであろう。天平宝字二年（七五八）に鉄の歴史でよく知られた藤原仲麻呂は恵美押勝の名を賜り、太保（右大臣）、翌々年には太師（太政大臣）に昇進している。そして六年には正一位となり、近江の浅井郡と高島郡の鉄穴を授与されているが、この当時戦乱に官軍側で働き戦功ありとして、近江の僧が恩賞を受けたこともある。これらはまだ本格的な僧兵組織ではなかったにしても、ある程度闘争力を持った僧の組織ができ始めていて、後に悪僧と呼ばれる集団が発生の緒に着いたことを意味しているものではなかろうか。

さらに押勝に二年遅れで勢力を伸ばした弓削道鏡との、一族をあげての確執がある。そして両者いずれも仏教を偏信していて、東大寺の僧良弁の弟子であったにもかかわらず、道鏡が東大寺に対抗し、西大寺や西隆寺を建立したことなども武装拠点確保への歩みが推測される。九〇〇年代初期から組織化されるようになり、その原因は学殖のない得度僧の増加に基づいている。

また宇多天皇の時代（八八七〜八九七）に対馬の国分寺が軍事に従い始めたことが記録では初出であるが、村上天皇の時代（九四六〜九六七）に僧慈恵大師良源が天台の座主になったとき、修学に耐えざる僧だけを集めて仏法擁護のために武器を取らせた。しかもその後に増加を続けたが、財力権力の肥大化で統制は取れなくなり始めていたのだろう。大宝令の僧尼令なども宗教人の間で問題にはされなかった。

この頃から仏教界は膨大な人々を集め、出来の悪い者、良い者ひっくるめて得度させたのであろう。そしてそれは中央だけでなく地方の寺院にも及び、やがて寄らば大樹の陰となって系列化し集結して、仏法修行どころか浅学非才で暴力にかけてのみ一頭地を抜くような集団が徐々に形成されていった。

発祥については色々説があるが、前述の十八代天台座主慈恵が比叡山で「末世は武力に頼らなければ仏法を護り難し」と述べたというのが端緒とされている。

しかし筆者は延暦寺の僧が兵仗を携えることを禁じたというのだから、それ以前から始まっていたのではないかと思っている。法論の対立から裹頭《かとう》して良源を恐喝したことなどから見て、先鋭化した話となったものと考えている。こうなると僧兵の存在意義は仏敵討伐か、あるいは寺領権益の拡大か、強大寺院を存続させるための闘争であったにしても、古記録の片鱗が物語っているような建前だけのものでは無さそうである。さらに事を好む集団の強引非道の利益追求も大いにあったであろう。贔屓目に見ても宗教の本質から考えると、そこには一般民衆が顰蹙唖然とするような逸脱した実態が浮かび上がってくる。僧兵には日吉神社の神輿を奉じた延暦寺の僧兵、春日神社の神木を奉じた興福寺の僧兵が有名である。

このような僧兵の狼藉が極に達していたことは、『源平盛衰記』四で山門と称した比叡山延暦寺の山法師と、寺門と呼ばれた三井寺園城寺の荒法師との強訴合戦について、嘉保二年（一〇九五）、摂関政治から主導権を取り戻した白河法皇でも、その剽悍さには流石にてこずったと見え「白河院は賀茂川の水、双六の賽、山法師、是ぞ朕が心に従はぬ者と常は仰せのありけるとぞ申し伝へたる」と弱気を記している。

延暦寺の山法師たちは自己の強大なのに加えて、日吉神社の神輿を奉じ京の街に出没した。これは朝廷側が仏法に溺れ何の対応も立てられず怯儒だったためである。最澄の『天台法華宗年分学生式』によると、「国宝とは何者ぞ、宝とは道心なり。道心ある人を名づけて国宝となす。故に古人言はく、径寸十枚これ国宝に非ず。一隅を照らすは此れ則ち国宝なり」としている。この教えからすれば正に日本仏教界の指針であり、それ故にこそ、ここは後世延暦四年以降、偉僧傑僧が次々と輩出された四宗兼学の道場だったのである。だが実際はその通りでは無かったようで、その真相は何だったのであろうか。

叡山の参道を行く筆者には根本中堂付近など、森閑としていてとても修羅の昔を偲ぶ由もなかった。この延暦寺に隣接する大津市上仰木遺跡で九世紀頃のものと推定される製鉄用の炉底が発見された。同寺を拡大造営するための工具や建築金物などを調達したものと考えられている。ここが製鉄炉跡か鍛冶炉かは現場を見ていないので定かでないが、釘や鎹、鏃などの鉄器残片が多数あれば鍛冶炉であろう。

だが、そうした場所が反面山徒と呼ばれた僧兵出現の拠点となり、後に奈良の山階寺を起こりとした興福寺の南都の奈良法師たちと、如何にしても調停し難い激烈な相克を生じたのである。

【補註】

奈良では西橘寺付近から大小の鍛冶場跡が発見され、大鍛冶・小鍛冶の双方が行われ、仏教建築のために鉄金物が調達されたのであろう。年代は七世紀と推定されているが、後になり補修のための継続操業があったとも考えられる。

『天狗草紙』（重文）延暦寺三院会合僉義（部分）
（東京国立博物館所蔵、Image:TNM Image Archives）

天狗草紙に見る僧兵の姿

『天狗草紙』の「延暦寺巻」に「なかでも御廟の先徳慈恵は、仏法擁護のために魔界の棟梁となり、地主二の宮権現（山王社）は天狗をもて使者とし給う。（し）かるが故に、一切の天狗は皆我山の徒衆、御廟の伴党なるものをや」とあり、三塔検疑の場面に続いて「早《すみ》やかに諸院諸堂を閉口し、七社の神輿を陳頭に振り奉り、天下の騒動を引き出さるよや」「尤も！」では、もはや仏教理論を楯にして僧形の暴力団を仕立て、自山の権益擁護と金品の収奪を図っているのに過ぎない。同書はいうなれば南部北嶺の僧侶の驕慢増長を風刺したものである。

しかも、いざ召集となれば裏頭袈裟懸で大薙刀などを抱えた正式の僧兵（？）のみならず、武装・半武装した使徒でも宗徒でも、往時としたら予想外の人員が集まることになる。食い詰めた周囲の地侍や民衆まで入ってきたであろう。彼らは中国唐の武宗皇帝（八四一〜八四七）まで仏法に反したと調伏を高吟している有様だから、白河法皇の威厳をもってしても何とも押さえ難かったはずである。

奈良の興福寺の場合は同寺の被官である中世の大和武士、換言すれば拡大された僧兵であるが、それに加えて春日神社の神人達も巻き込み、神木動座という強硬手段に出ていた。ここでも、武士や公卿も手のつけられない無理難題、それは驕慢とでも言うほかはない。そのためここの強訴を人々は、旧名をとって山階道理と呼んでいた。泣く子と地頭には勝てぬより一段厳しい意味合いである。

僧兵は多くの寺院にいた

前掲大寺院のほかにも例をあげると、鳥取県の大山町にある大山寺などがあげられる。かつては大智明権現堂を始めとして三院谷、四二子院などもあった大寺院である。

なお関心をもつ史跡探訪者のため、ここでは阿弥陀堂・寂静山・川床の三遊歩道が造られており、これらは昔を思わせる僧兵コースと呼ばれている。『中右記』には寛治八年（一〇九四）における、「大山の宗徒三百人余りが参院陳云々」とあり、さらには仁安三年（一一六八）以降、南光院と中門院、西明院の対立で、騒乱がしばしば起こり堂塔を焼き払っている。

こうした風潮は寛治元年（一〇八七）頃から、年を追って続々発生し、前記三院座主らの和合も翌年には神輿を奉じて入京に向かったが、仲間争いで途中で阻止されてしまった。衆徒らと悪僧が乱暴を働きこれを妨げたものである。その他強訴対立がしばしばで、嘉応三年（一一七一）、伯耆、出雲の軍兵傭兵は、多数の寺院を焼いたが、鎌倉期に入ると沈静化の兆しを見せた。しかし南北朝の騒乱勃発により再び激しく燃え上がった。

なお『七十一番職人歌合』の改訂版では、十八世紀前後には奈良興福寺の奈良法師と比叡山延暦寺の山法師の姿が描かれている。他には京で有名なグループに園城寺（三井寺）の寺門の荒法師がおり、両僧とも僧衣姿で正座をしているが、太刀を腰近くに手挟み、山法師は傍に薙刀らしい長物が横たえられている。この絵から見ると顔は幾らか大人しく描かれているが、若干品が無く仏道に精進した学殖のある人物とはどうも言いがたい表情である。

表２　『延喜式』に計上された鍛冶屋の数

左　京	19煙	右　京	58煙
大和国	102煙	山城国	10煙
河内国	46煙	摂津国	58煙
伊賀国	3煙	伊勢国	3煙
近江国	44煙	播磨国	16煙
紀伊国	13煙	合　計	372煙

注）この国名からみても対象範囲は幾内に限られている。
山陰・山陽からの素材を加工していたのである。

代表する武具、薙刀

さてこれらの僧兵の使用した武器であるが『百錬抄』七十九に、久安四年（一一四八）に記された頃でも、「興福寺衆徒、蜂起数千人、春日神民二百余人、捧鉾神木入洛（注記略）、吹法螺、其声充満洛中」とある。一グループの人数だけでも大変なものである。僧兵に不可欠の薙刀は平安時代の末期から普及し、判り易く言えば大きく反り返ったやや幅広肉厚の刀に長い柄をつけた武器であり、長大な例では『太平記』の「山徒寄京都」に刃渡り四尺を越した大物もあるが、大抵の場合は三尺前後のようである。こうした形や使い道から、馬の足払いの俗称が出ている。さらに長柄の大太刀や野太刀から転じた長巻もあるが、これらは形態・用途など共通する俗に大段平と呼ばれたものである。いずれにしても、鍛造加工には平均して通常の刀剣の一・五倍程度の鉄素材を必要とするから、表には表れていないが武器としては鉄の大量消費だったわけである。しかし不思議と僧兵達は馬を使っていない。

よく僧兵の姿を生き生きと表現している著書には出羽出身の戸部一貫斎正直の『奥羽永慶軍記』（序文元禄十一年・一六九八）がある。「湯殿・月山・羽黒三山の寺院に名を得し悪僧、宗徒、客僧千余人起り立て、忽ち忍辱の衣を脱ぎ、甲冑を帯し、魔障降伏の姿となれば……」と、またこれに一味する武士達が多数現れたことを「羽黒の衆徒、秋田攻めを検議す」の項に記している。若干の誇張があったとしても、かなりの刀剣武器武具類が常時用意されていたことが判る。

従ってその調達も大変だったと想像される。紛争のたびに威嚇を主としても、談合だけでは終わらず、多くの死傷者も出てくるので回収された分もあろうが、地場各地の鍛冶屋が薙刀・刀槍専門と化し生産供給に当たったものであろう。

祇園山鉾　浄妙坊山（二人とも薙刀使用）

平行して造られた刀剣の方は後に「奈良物」と呼ばれているが、これは当時の情勢から言えば奈良や京都で需要が多かったところから、むしろ注文量の確保が必要なので、京都周辺の外装職人達も加わって、過半は安物造りが行われていたのであろう。

横道に入るが中国龍門石窟近くの関帝廟で見た、関羽の首切り太刀は『武備志』によれば「鉤鎌《こうれん》刀」の名であるが、正に巨大な薙刀である。中国人の説明によると重量五十キログラムと言うが、奉献用のものであるため説明も誇張であり、せいぜい三十キロ程度と推測した。全長は二・五メートル余りで、此れでは幾ら強豪の者でも十分に振り回すことはできまい。

宗教に全く疎い筆者には教義の深遠な点はとても計り知れないが、ガンダーラからインド北部を廻った印象では、宗教人と言えども五欲を持った人間集団（少なくとも修行の乏しい一部の人達は）の、教条を標榜した流れであったとしか思えない。上下貧富の人々に幸福とまではいかなくとも、心の安らぎ位は与えてくれるはずの人々が、西側の中近東では馬と剣で寺院を圧服し、イスラム教やヒンズー教に変えていった。東海の日本でも何故か仏論を捨てて裹頭し、薙刀や太刀を振り回して熾烈な闘争に明け暮れた。その例は京・奈良に止まらず北陸地方をはじめ全国各地に分布していた。

【補註】

（一）かくして刀剣を持つ農民の一揆も、僧兵の集団も、相次ぐ宗教弾圧によって逐次解体を余儀なくされた。しかし中には強く結束しているものもあり、一向一揆（本願寺教団）、法華一揆（日蓮宗）などが台頭し、あるいは後に没落が見られた。また時に政僧のような人も現れ、安国寺恵瓊のように伊予の国二万三千石の大名にまで伸し上がった者もいた。最後は関が原戦で西軍に組したため処刑の難にあっている。

（二）刀伊は靺鞨《まっかつ》の後裔で女真族の分派であり、中国東北地方、黒竜江省および沿海州付近に蟠踞していた。五代の頃は女真と呼ばれていたが北宋になって金となり梁を滅ぼした。この民族が平安後期の寛仁三年（一〇一九）頃、蒙古襲来の百五十年ほど前であるが、対馬、壱岐、筑前に侵入してきており、大宰府権帥藤原隆家らが撃退した。当然その防衛のために刀・薙刀・鏃などの需要が生じ、それが鉄の生産増加に強い影響を与えたのではなかろうか。

舞草の鍛冶集団

筆者が鉄の歴史を調べていて舞草刀の名を知ったのは昭和四十年前後のことであった。その痕跡を見学したいと訪

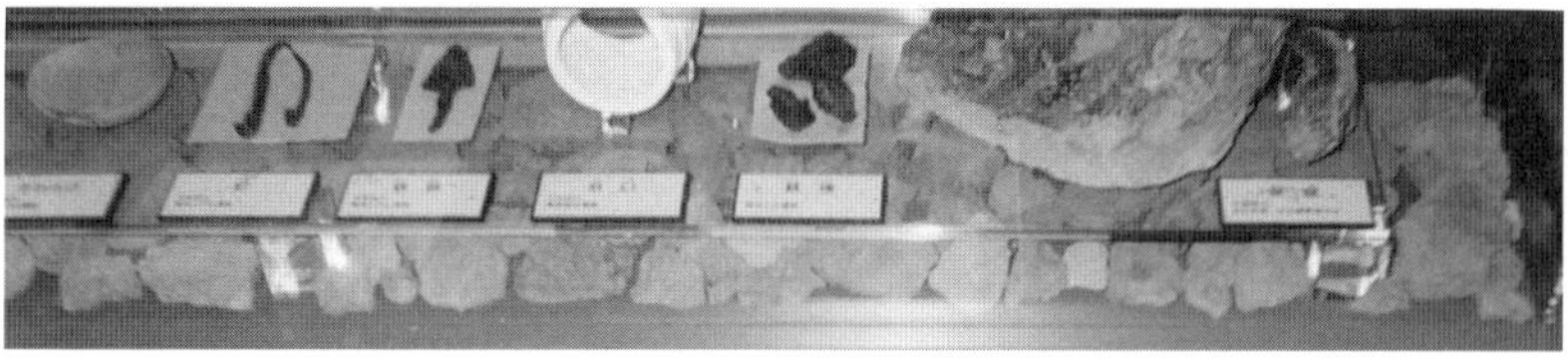

舞草遺跡出土鉄滓および鉄器類（一関市博物館蔵）

ねたが、交通不便の時代であり、まだ新幹線は無く東北本線で、北上川を横切ってバスで一関市の大平地区へ出た。舞草神社は観音山山頂より百メートルほど手前にあった。傍らの平坦地部分は製鉄関連と見たが、それは糠喜びで梵鐘を鋳造した野鋳《のい》の跡のようであった。同神社は藤原基経編『文徳天皇実録』（八七九年完成）に仁寿二年（八五二）に授位のことが見え、また『延喜式』の神名帳にもその名が出ている。坂上田村麻呂の勧請とも言われており、少なくとも大同年間に遡ると伝えられている。

もっともこの地は再三火災の難にあい、ここに天台宗の寺が建ち、三転して舞草神社になった経緯がある。ここの東南側にある斜面は崖崩れの状態が見えたが、その辺りは鍛冶工房のものとおぼしい鉄滓が多数出土し、また銹化の甚だしい鉄釘や鉄鏃の出土も見られているので、確かに奥州古鍛冶の発祥地の一拠点であろう。同社付近には一面芦・茅原が多かったが、後には開墾に伴っての植林も進んだようである。廃滅したとはいえ細々と後にまで作業が続いたのは金屋荒神の祭祀でも判る。

なお白山鉄鉱石の名前を聞いたが、そのような鉱山はこの辺りには無く、帰途山道の脇で二〜三メートルほどの、断面蒲鉾型の狸掘りとおぼしい試掘程度の浅い坑道が見えたが、その鉱質は赤鉄鉱らしいと見受けた。ちなみに近傍農家の人に聞いたところ、第二次大戦中に若干量を掘り出していたとの話で、他に鉄鉱石の産地は知らないとのことであった。

最近になって伺ったときは既に交通の便も良くなり、市街地は一変していて、厳美渓バス停から四百メートルほどの所に立派な市立博物館ができていた。

この一関市立博物館の話では前記筆者の見た舞草神社の付近は、目下発掘調査中であった。

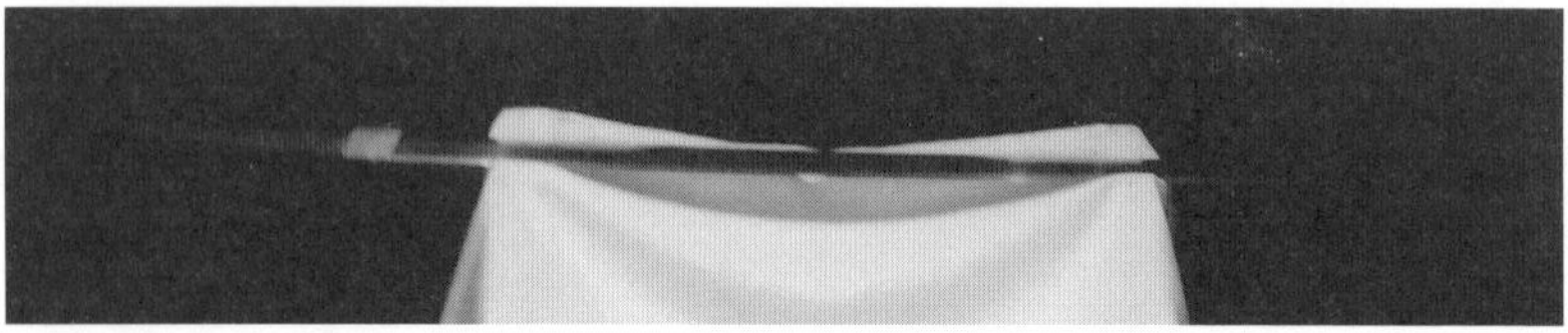

太刀「舞草」（一関市博物館蔵）

付近採集の鉄滓は小塊でもやや大塊のものでも、炉底に溜まる碗形状をしたものではなく、素人目には比重も軽いので簡易な方式による鍛冶滓と推定されるものであった。何ヶ所も調査し、被災の跡などが調べられているので、操業していた時代の年代を知りたいところである。なお研究者によってはここの鉄滓の状態では炒鋼法の製錬滓ということにもなるであろう。それなら設備面でも精錬炉に接して、中国古文献に言う「溶湯池」と言うか攪拌炉が残存しているはずであるがそれも見当たらない。

なお製錬滓なら、少しでも半還元砂鉄のような噛み込みのものが見られるはずである。しかし磁石にも反応しなかったとのことで、表層に見られる流動的な外貌のものは全く少なく、質が粗鬆《そしょう》、つまりポーラスであり軽そうな感じであった。炉壁乃至炉床の噛み込みが僅かに認められたが、溶剤的なものを添加したかどうかは不明であった。

同館の展示の目玉になっている舞草刀は十三世紀頃のものと推定されているが、通常見られる日本刀の遡った形式とも見られ、鎌倉期を下らないものとされているのに疑問を感じた。茎の部分に鑢《やすり》目がなく、均一に小鎚で仕上げた跡があり、その凸凹の肌に旨く舞草の銘が入っていた。匂口の沈んだ刃紋は解説では大板目が肌立っているとされているが、筆者には少し荒れた黒っぽいダマスカスパターン類似の微粒が散っているようにも見えた。支障ない程度でマイクロビッカースで硬度の調査ができたらと思った。この舞草刀の鍛法は奈良時代直前の大宝年間（七〇一～七〇四）から始まっているようで文寿、安房、森房などの刀匠名が知られているが、実在した者かどうかは定かでない。

筆者の見た宝寿（室町時代）の作品は脇差であり、長さ四十一・五センチ、反り一・〇センチで、宝寿には十四世紀のものが多いのにこれは十五世紀と推定されており、鎬が高く室町初期のものと判定されていて、奥州物の特色が良く示されていると言われていた。筆者の見たところでは銘の切り方に癖があって、宝寿の「宝」は勿論旧字の「寶」を使い「貝」の下半分がU字形の底に片仮名の「ハ」を付けた形、「寿」は「寸」の部分が海老の跳ねたときのように、下に長く伸ばされている。丸文字か遊字のようで、遊び心のある工人が考えたのではないかと思っている。

古宝寿は陸中とされているものが多く、平泉住宝寿は十三世紀初頭のもので、日本刀が創作される初期のものと言われている。その弟子系で宝寿を名乗った者が陸中のみならず遠く中国や四国でも鍛刀しており、遅れて文明（十五世紀）・延宝（十七世紀）などの時代にもその係流が現れている。

【補註】

（一）日本の製鉄遺跡でも論文に「ここでは潮泥法が実施された」と記載されているものが幾つかある。この技法は中国の宋応星著『天工開物』に各種の産業とともに製鉄技術も収録されているが、炉の中にカルシウム分を投入攪拌して、酸化鉄系の鉄滓を減らし、珪酸カルシウム系のものとし、その結果鉄の生産性を向上させる、合理的な技法である。しかしそのためには、炉内温度を上げることが必須の条件である。鉄官の制度で量産をしていた中国では採用していたにしても、カルシウム分が含まれている鉄が、すべてこの方法によるとは言い切れない。実施するには前述の攪拌炉も必要である。

（二）この鉄源の採れる砂鉄川は東磐井郡の摺沢南部を西流し、猊鼻渓を過ぎた少し先から南流している。烱屋で使用した川砂鉄の宝庫である。渋民辺が源で北上川の支流、奥州古鍛冶発祥の地と言われている。蝦夷の用いたと言われる蕨手刀は東北産とすれば、この流域山間部での作品ではなかろうか。

巧みな金工作品と大型鋳物

刀剣ではないが平泉・毛越寺の宝物殿に国の重要文化財として指定されている鉄樹と呼ばれる飾り物があった。文治三年（一一八七）の頃に源義経を庇った、時の当主藤原秀衡の館の床の置物で、平安末期の作とされており、千手院蔵と伝えられている。

その形状は珊瑚樹と橙《だいだい》を模したものと推測されており、枝振りなど実物を象ったかと思われるほど精緻な表現で、元々は葉、花、実をつけていたものと推測されている。幹の皺や苔の表現は鏨細工とともに紅殻を使用したらしい痕跡があり、姿態から着色まで綜合して当時の絵画技法を思わせるものがある。儀式などのときに秀衡の室内に飾ったであろうものの珍しい例であり、これほど大型のものは他に例が乏しく、素材は違うが類例は春日大社と鞍馬寺程度のみである。

珍しく鉄を加工するのにオブジェ的構成を用いているが、舞草鍛冶が刀剣鍛造の余技として上からの命令で製作したものであろう。大型の珊瑚樹の方は根の踏ん張り、枝分かれ部分などの一部は別作で嵌入させ、取り付けはカシメ加工によっている。

なお、前記福島県東白川郡の玉川村で鑪を稼動していたので、ここの製品ではないかと推測されているが、同地の都々別神社には奉献された鉄樹が台座と共に遺存している。

さらにやや大型の銑鉄鋳物として目立つ存在には、南北朝期から千手院に伝えられた鉄塔がある。文和四年（一三五五）に平泉観自在王院の舞鶴池の中島に安置されたもので、鋳鉄製の納経塔である。完成時に存在していたと推定されている上部の屋根と九重の相輪が紛失しており、上部の所にある九センチほどの穴は現物組立てに際し力が懸かりすぎたと見えて扇状に割れている。肉厚は上部から覗いて一センチ弱である。筒内には法華経六十六部が収められていたという。台枠は板材を使って三段の浅箱状に組んで一体鋳造をしてあるが、木型の肩の部分は追い回しではなく接合した部分は留め形式で、下から八、六、六センチと上段に行くに従い浅くなる。筒身は梵鐘同様に中子を用い紐轆轤《ひもろくろ》で外周を仕上げたものであろう。その上に粘土を貼り付けて文字などを加工してから鋳込んだもので、陽鋳された宗徒の文字が目立ち由来を物語っているようである。表面は木地鉋の切削肌がかすかに見える。台輪の鋳湯は若干粗雑で各四隅の留めに当たる部分は、鋳張り状に湯のはみ出しや筋が残っている。鋳物師浄円の作とされている。

さらに注目されたのは平泉駅から六百メートルほど東北に当たるが、ここの柳御所と伝えられている遺跡から多くの出土遺物と共に注目すべき鋳鉄鍋一個が発見されていることである。同所は近年平泉館の遺構と推定されるようになったが、そこの鉄鍋は直径三十三・六センチで深鍋形を呈し、煮込み料理が作りやすい形状である。四〜五十年前まで農家の台所で見かけた、弦をかける耳が外側についている鉄鍋や土鍋と異なり、耳が内側についており、五徳《ごとく》や鉄輪《かなわ》のない時代の炉の構造が想像される。使用方法のあり方が大きく影響している。つまり鍋をかける竃がまだ見られず、屋根裏から炉鉤で吊るか、より貧しければ三本の木を組んで炉の上から吊り下げて煮炊きをし、もちろん燃料も木炭ではなく薪木を利用した生活を示している。内耳《ないじ》式にしたのは縄や蔓草の弦では炎ですぐ焼き切れてしまうからである。

月山鍛冶

どうも幻とも言える経緯であるが、何らかの事情で舞草の刀工・鍛冶たちは大部分が郷里を離れ、川沿い道、杣道《そまみち》

平将門創建と伝えられる五重塔
再建は庄内領主武藤政氏（出羽神社・国宝）

のような道なき道を西南下し、奥羽山脈を横切って最上川辺りに現れた。既に修験道の聖地となり始めていた庄内平野に立ち、出羽三山の開祖となった蜂子皇子創建と伝えられる三山の一つ、羽黒山付近で全国に月山鍛冶の名を広めた作刀に取り掛かった。しかし何故にここでと言うことになると、恐らく年を追って羽黒神社が盛大となり、一時期山間居住の清僧三十三院、宗徒三百六十坊と伝え、また全国に散在した修験、行人、巫女、大夫が六千人を超えたというから、それらの纏まった需要もあり、さらに名声を伝え聞いて遠隔地からの発注も生じたのであろう。

さて往時の状況であるが、昔の昼なお暗い鬱蒼たる木立の古道の姿は、大部分開発されて当時の風情を偲ぶべくもないが、『奥の細道』遊歩道などにかつての月山登拝堂へ向かった情緒が幾分残っている。文献によると湯殿山へは鉄梯子、鉄鎖の険を往来したとあるが、三山最北の地であり施設方として鉄との関係が深そうである。

三山付近のお羽黒石は何処で探したものか、中空で稀に水入りのものもあって、これを不老の仙薬と呼んでいる。『本草綱目啓蒙』に言う石中黄子に相当するが禹余粮などの一種で、鉄源としては用いられていなかったようである。これはかつて行基皿などとも呼ばれた現在の「高師小僧」の扁平なものではなかろうか。

なおその源となるであろう鉄分の点において、歌人斉藤茂吉氏は「鉄色に赭《あか》く湧きつる御湯にして、くすしき尊とここの谷底」と詠んでいる。これは恐らく上から見た沈澱物を示しているが、湯殿山をかく表現させる由縁は同山の御神体が、一種の山岳信仰であったため、沢辺りから出る熱湯を御霊代と伝えてきたもので、ここの巨岩は輝石安山岩であるが、科学的には酸化鉄が岩肌に沈着して赤鉄色を呈したものであろう。

松尾芭蕉は『奥の細道』の三山巡礼で「谷の傍に鍛冶小屋と云有、此国の鍛冶霊水を選びて、爰に潔斎して剣を打、終に月山と銘を切て世に賞せらる。彼龍泉に剣を淬《にら》ぐとかや。干将莫耶の昔をしたふ」と記している。

なおこれに似た文章が江戸中期の武学者日高繁高（一六六〇～一七三一）の『兵家茶話』に出てくる。重複を厭わず記すが、「月山の峯西南の方に鍛冶、月山が打物を淬び申す跡今なお其の跡残れり、或いは鍛冶小屋といふ。この作品は刀のみで脇差を見ず」とある。これでは月山鍛冶は太刀ばかり鍛えていたことになるが、小山田与清著『松屋筆記』（文化～弘化四年・一八四七）では、多少時世が遡り、世に阿《おもね》った点も読み取れるが、「月山鍛ノ槍百筋を信長に献じた」云々とあり、「出羽国月山の鍛冶が打ちたる槍也」と記し、月山鍛冶もかつては刀剣だけでなく時世時節で雑武具や農具なども鍛えていたものと推測される。『類聚名物考』の記述もこれに近い。

この近辺で仏道精進から生身のミイラとなったと伝える鉄門海上人（注連寺、文政十二年入定）、鉄龍海上人（南岳寺、明治十四年入定）らの法号に、往時は東北地方などでは鉄の文字を嫌っていたというが、二人続けて殉教的な死に方の人物に「鉄」が使用されているのは、これらの人々は、「語るなかれ、聞くなかれ」との戒めを伝える、湯殿山の奥（斉宇山を遡った秘境）で荒行が行われていたと言うから、この付近での過酷な荒行による殉教者であろう。しかし、さらに穿った見方をすれば若い頃に鉄に関与していた人なので、このような名がついたのではないかと考えるのは付会に過ぎるであろうか。

桃山時代の燈籠

京都市東半部分の南、鴨川七条の東側豊国神社。もう一つは北に行って洛北大原、高野川を渡って西北へと入った寂光院。この二ヶ所に豊臣家ゆかりの鋳鉄製燈籠があった。

前者は筆者の記憶では五十年ほど前までは豊国神社の境内にあったが、現在は同社宝物館の中に収められている。重文・雲龍文鋳鉄製立燈籠で、高さ二・七二メートルの分鋳重ね合わせの堂々たるものであるが、その後の防銹処理により手入れが行きとどき、鉄肌の荒びや強靱さの感触は幾分薄れているが、桃山期芸術特有の軟らかみのある風情が良く残っている。作者は辻与次郎と伝えられている。

後者は諸行無常の響きを今に伝える寂光院の前庭に、一際人目を引くように華麗な姿を残していた。寺伝によれば、推古天皇二年の創建とされているが、一般の人々には源平合戦後に敗れた平家出身の姫君で、捕らわれの身となった建礼門院が、流浪の末に尼として閑居されたことでよく知られる。この尼寺の本堂右手前にある時代を帯びた雪見燈籠は、伏見城にあったものを移設したと言われており、高さ三尺を超え横幅があって、宝輪、笠、火袋、地輪などの部分からなっている。どっしりとした重量感のあるもので、火袋には豊臣家の五三の桐がデザインされている。寺伝によれば確認には分析の必要があろうが、南蛮鉄を素材とした鋳造品と伝えられている。秀頼が親族の菩提供養のため供えたものとされているが、同時に死亡の淀君では時期的に符節が合わないので、家康の関が原戦後における西軍側大名の動向もあり、豊家蓄財に対する収奪政策の一端とも見られる。当時は南蛮鉄が珍重された初期の頃であり、オランダ商館長のジャックス・スペックが、徳川家康などに慶長十六年（一六一一）に献上したことで知られている。

南蛮鉄を使用した例では、日光東照宮の前庭に伊達政宗の奉納した、早山弥兵衛制作の元和三年

鋳鉄燈籠（京都豊国神社）

京都寂光院鋳鉄燈籠
（伏見城から移設したと伝う南蛮鉄製か）

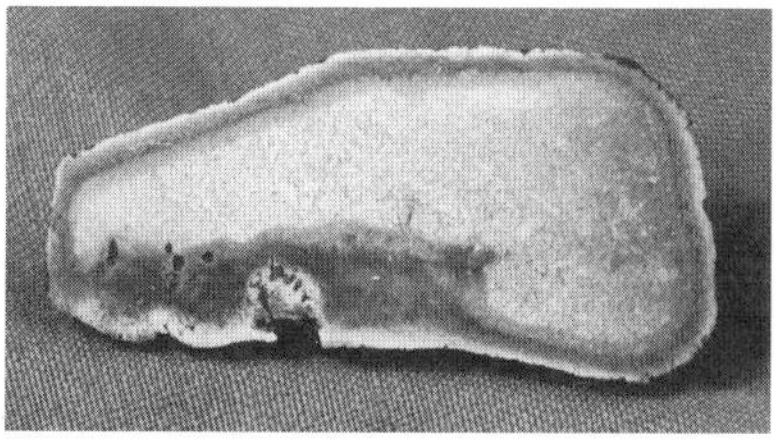

南蛮鉄断面状況
（島根県安来市　和鋼博物館蔵）

表3　南蛮鉄の科学分析値（%）

元素	C	Mn	P	S	Ni	Cr	W
A	0.90	0.02	0.130	0.018	0.04	0.02	Nil
B	0.83	0.01	0.076	0.007	0.04	0.01	Nil

Mo	V	Co	Cu	Al	Sn	Ti	Nb
Tr	0.01	Tr	0.04	Tr	0.001	0.001	Tr
Tr	Tr	Tr	0.04	Tr	Tr	0.002	Tr

窪田蔵郎『鉄の民俗史』より転載

（一六一七）のものがあり、鍛刀も肥後大掾康継によって始まっているので、これが正しければ慶長年間中期頃のことではなかろうか。もっとも康継の刀がすべて南蛮鉄使用ではない。この原料鉄には賛否両論があり、鎖国政策などもあって、当時の伝承がそうであっても何代もの継承の中には、和鋼との混用や和鋼のみ使用なども当然考えられる。

鉄鍋で煎って造った塩

「夕なぎに焼くや藻塩の……」と『万葉集』に歌われているが、これは海藻を敷いたうえに海水をかけて、塩分を十分に含ませてから濃くした液を煎熬する製塩法であった。長閑な海浜の松原を背景にした歌舞伎に登場する、立烏帽子に水干といった華麗な汐汲みの乙女を連想してしまうが、実際は粗末な衣服の漁師の娘や妻女達の重労働。それに松原の棚引く煙も現代とは異なり、ダイオキシンなど気にしなくても良かった頃のことである。薪木を燃やす煙も遠慮無く出していたであろう。

『万葉集』の「暮菜寸二藻塩焼乍」をはじめとして、この描写は類例が非常に多い。

「藻塩くむ袖の月影おのづから　よそにあかさぬ須磨の浦人」

「旅の空夜半の煙とのぼりなば　海人の藻塩火たかくとや見む」

なども『新古今集』元久二年刊藤原通具の雑上や『後拾遺集』慶徳三年刊藤原通俊等の羇旅《きりょ》の項にも見られる。もっともこれらともなると直感的なものでなく、どう見ても文飾を加え推敲を重ねた余情たっぷりの歌である。

とにかく往時の製塩法としては、太古は小さな製塩土器で海水を蒸発させることから始まり、耐火性のある土に石を貼った鍋状のものが使われ、中には貝殻を貼ったものもあった。やがて製鉄技術の進歩にともない、設備コストが高くつくため普及には程遠いが、耐久性の点で長所がある鋳鉄製が多くなって、寺や豪族による賃貸システムが普及した。それでもこれらは鉄製が余りに高価だったため、地域によっては後世まで混用されていた。日本では岩塩が産しないため、こうした技法が知れると広く海浜部に普及していった。

このような鋳鉄鍋による製塩の始まりは、何といっても銑鉄の生産と密接不離の関係がある。そこでルーツを探ってみると、製鉄技術の先進国中国では、佐藤武敏先生の著『中国古代工業史の研究』第七章で、詳細な解説がされている。同書では『史記』平準書の引用によって牢盆の語彙が見られ、「私鋳鉄器煮塩者」の解釈がされている。漢代の文献では『隷続』の巻三と巻十四にこの鉄盆を記している。前者では「漢巴官三百五十斤もしくは三百五十斗。後者では二五石」と記されているので、文献に記載の後漢前後にはすでに、銘文のあるものが使われていたのであろう。これによって鋳鉄製塩焼鍋の使われ始めたことが推理できる。

わが国で実用に供された品は、平安期～鎌倉期の遺物や文献が物語っているような、大形のものでは到底なかったであろう。仮に直径一メートルとして肉厚五センチ程度のもの（約二百五十キロ）、それを波涛万里の中国から運搬してくるのは重量の点からも容易なことではない。こうした程度のものを使用したにしても実用化のためには、すでに日本での銑鉄鋳造技術が確立された後と考えられる。

この塩鍋の遺物でよく知られているものには、千葉県富津市金谷の鉄尊神社の御神体がある。著者が訪れたときには鍋蓋明神として古びた粗末な小祀の中にあった。松浦静山公の著した『甲子夜話』文政五年（一八二二）刊の八十三巻十三に詳述されているが、日本武尊の蝦夷東征の折に走水の海（浦賀水道）を横切って、対岸に向かったが暴風雨に遭って難航し、上総の金谷へと進路を変えたがその舟の舳先に取り付けられた、大きな鏡がそれであると言う。遺物は直径百六十三センチ、厚さ十センチ前後で重量は一・五トン程度。もちろんこれは神話で、筆者の計った寸法を記したものである。社伝では文明二年（一四七〇）に付近の海中より、地元の漁師達によって引上げられたものと言われている。

とすれば対岸には同名の横須賀市金谷があり、またこの付近には三浦半島先端の野比、それに根元の鎌倉七里ヶ浜など砂鉄産地が多く、中間の大楠山やもう少し横浜寄りの本郷台などには、砂鉄を製錬していた遺跡もある。地理的に見て小さなものなら、三浦半島の産品を運んだのかも知れない。もっとも当時の船の積載能力を考えねばならないが、この塩焼鍋は炭素三・五パーセント前後を含み、何度もの合わせ湯で鋳造した超大形の鉄鋳物である。

なお前出の『甲子夜話』巻九十一の六項によると、他にも「下総国船橋（東京湾北岸・千葉県船橋市）の明神に、昔海中から得た巨鏡二面あり、径八尺、縁《へり》があって厚さ二寸、一面は四尺でやや劣る。また黒鉄の御柱といって長さ九尺、囲三尺ほどのものがあり、三者を神体として崇めている」とある。日本武尊が東征の折に鏡を発見ここに伝えたと言われている。同社はかつて意富比神社と呼ばれていたが鉄鏡は亡失されたようである。この黒鉄の御柱は正にインド・デリーのクツーブ鉄柱か、韓国（忠清南道公州郡甲寺など）にあった鉄幢竿の、小型日本版とも言えそうである。

このような塩釜は宮城県多賀城市の御釜神社に五面ほど伝世されて、毎年七月六日に行われる藻塩焼きの神事に使用されており、特に神社入り口手前左側の一面は最も古いもので、鎌倉時代からのものと推定されている。また少し年代が遅れるが、塩釜神社宝物殿脇にも二メートルを超す能登製と伝える巨大なものが、鋳鉄製大型の甑炉《こしき》（鉄銭鋳造用）と一緒に野外展示されている。

伝世した文書に記載されているものでは、すでに筑前国観世音寺（太宰府市）の和銅二年（七〇九）平城遷都の前年のもの、周防国正税帳に（山口県）天平十年（七三八）つまり藤原広嗣の乱の二年前のものなどがあり、前者は大宰府政庁の主厨司が関与していたのであろう。こうした鍋は円形のもののほかに方形のものもあった。近隣の郡の司などや豪農に貸与しており、前にも記したようにその習慣は各地に長く続いたといわれている。

なお時宗開祖の『一遍上人絵伝』作者聖戒・円伊両人の、「上人松島参詣図」にも海浜にしつらえた大きな平鍋で、獣脚状の台を取り付けた塩焼鍋が描かれている。脚部は石塊でもよく、こんなものを使えるのは余程裕福な大寺院だけなので、絵師の想像が加わったものであろう。とにかくこの方法は後の赤穂の塩田などと異なり、旧式・簡易な製塩法として各地に普及し、後世まで残存して操業が続けられた。今日でも能登半島の穴水町では観光用ではあるが、製塩が実際に行われている。筆者は明治期の鋳物商の宣伝チラシでこの鉄鍋を見かけたことがある。なお東北地方の南部・三陸の沿岸部辺りには、この製塩用の大釜（鍋）を造る釜師が住んでいた。鉄板の継ぎ釜もあった。

中国ではこれで塩を造るほかに、砂糖の熬煎（生産）にも用いていたという。

なお炎熱の地では温度の関係で鉄鍋など使わず塩田の表面で自然に製塩された。筆者はイラクのバスラで何度か見ている。

さらに『今昔物語』（編者未詳、十二世紀初頭刊）「河原の院」には京都六條の広大な敷地の中に、左大臣源融が建造した別庭が出てくる。これは陸奥の松島「籬島」を象った築山もあって、そこの塩焼の風景を移したものであり、海水を運ばせて塩を熬煎し風雅を楽しんだものであろう。ここなら庭園の中であるから、小規模でも霞立つの和歌も作れる雰囲気が出たであろう。鴨川の度重なる洪水の被害は遺跡を毀し今は跡形も無いが。

銑銭は重いうえに銹と割れで悪評

もう六十年以上も前のこと三田村鳶魚先生の書いた『江戸の生活』によれば、銑銭について次のような記述がある。「鉄銭には銑銭（づくせん）と称せられたものが寛保のころからあった。バハ銭とも言った。『名臣言行録』によると鉄の上澄を銑（づく）という。俗に原料が割鍋なので鍋金という。中澄をビタと言い釘などにする鉄に当る。底澄をマンワリと言い鎌や鍬などの農具に使う。鉄の最も悪いやつを銑という。錆びて緡《さし》にくっついたり、砕けたりしたから油樽に入れた。明治になると直ぐ通用しなくなった」。たたら製鉄の詳細を知る人から見たら、判ったようで何とも判らない解説である。これでは江戸期頃の鉄は炉の中で断層を作っており、しかもそれが完全に熔融していたように見え、鉧塊断面の状態を仮定して講釈をしているようで、金物商人の中途半端な話を、受け売りしているかのように聞こえてくる。

この鉄銭は使用者の手に渡ってからは、油樽に入れて防錆策を考えたのは良いが、空樽で保存したにしてもこれを財布に移したら、油染みてしまうのでまずいことになる。

通常の青銅貨幣の十文か二十文の支払いでも鉄貨を使うとなると緡の束が必要となり重量があり過ぎて、纏まった決済の場合はできるはずも無かった。古文書で著名な記述は安政四年（一八五七）に出た『燕石十種』所収の「我衣」加藤曳尾庵（沼田玄悦）のもので、「寛保元酉年（一七四一）世上雑説はやる、又此年ずく銭とて鍋金をもって鋳る」と記されている。四文銭と一文銭があり、財政的に鋳物師を動員して、江戸、摂津、越後、山城、常陸などで造られた。南部と函館のものが形状や文字に特徴があり有名であるが、これらは慶応や安政になってのもので、鉄銭鋳造としては比較的後発であった。

生産量を増やすため溶銑に陶片末や土砂を混じ、産地によってかなり質が悪く、そのため青銅貨との比率は一対四～五枚から十枚程度になり、後にはさらに低下し鉄安となった。前述の油汚れだけではなく銑鉄の薄肉鋳造であることが災いして、流通中にかなりの欠け損じが生じ通用不能なこともしばしば発生していた。

なおこの仙台藩内で生産されたもののうち、石巻での鉄銭鋳造は藩をあげての大事業として盛大に行われたが、そのときの情況が『石巻鋳銭場絵巻』として残っている。その図面のメインの設備は、雄大な二双吹きの踏吹子になっているが、その注記には韜と書いてたたらと平仮名のルビがある。この韜の文字は『日本書紀』に出てくる神武天皇の皇妃選定の部分では「媛蹈鞴五十鈴媛命」が現れ、また神代巻上の末尾部分では「韜鞴これを多多羅という」とある。『倭名類聚抄』では踏み吹子の名を意味している。なお平安期などに至っては普及してきた故か、古文献に革吹子や箱吹子の名も具体的に現れてくる。

こうしたわけでこの絵巻に表現された設備は、この工房が天明四年（一七八四）頃のもので仙台通宝銑一文銭が藩の副業として鋳造されていたときの想像画で、この絵巻は閉鎖されて何十年も経て伝聞にもとづいて、推測されつつ画かれたものであり、藩財政の逼迫から急遽大増産がされたにしても、雄大過ぎているのは画いた人が現場を知らず誇張か過大評価によるためであろう。

鉄銭は元来中国で副葬品として造られたもので、言うなれば冥界で死者が使用する貨幣であった。したがって、もちろん権力を手にした富豪の墓に埋納したものであろうが、中国とても銅貨と較べ経済的価値は極めて低いものであった。そうした貨幣が大量に使われるようになったのは、よく知られているように新から後漢の時代のことである。これは銅の不足や銅貨の他民族への流出武器への転用を危惧して、意図的に脆い材質の銑鉄で鋳造し始めたからで、蜀漢とか十国の時代からである。


【補註】

『守貞謾稿』には「銑銭初期のものには、銅を多く混ぜてあったので信用を得たが、次第に銑鉄だけになって信用が落ちた」と書いている。グレシャムの法則ではないが、「悪貨は良貨を駆逐する」で一応は尤もな理屈である。しかしこれでは銑鉄ではなく、銅鉄合金を原料に鋳銭用に充てていたことになる。化学分析もまだ行われていない時代のことであり、経過的な時期の俗説に惑わされた結果の記述ではなかろうか。

鋳鉄の寛永通宝は寛永十三年（一六三六）の鋳造開始で、足掛け五年位製造されたと言う。仙台通宝一文銭、俗称撫角銭は天明四年から同七年にかけて石巻を中心に製造された。しかし藩財政の貧困により後年まで密造もしばしば行われて逮捕・処刑も出ていた。これらの銭は緡勘定《さしかんじょう》では四パーセント減になっているが、このように銅銭より鉄銭の価値が低いのは公式評価であって、実際の場合は十数パーセントを超える水準であった。このような経緯で銹銭、破れ銭もあり、建前と実際の流通では大幅に違っていた。

鋳鉄燈籠に鏨彫り

鋳物にタガネ彫りがあったり、象眼細工《ぞうがん》があったりするのは、恐らく白芯可鍛鋳物にして鉄鍔《つば》などを造り、これを秘伝的な熱処理で表面が可鍛鉄になるようにし、鏨彫りを施していたものであろう。

しかし故立田三郎先生の『鋳物師銘譜』によれば、松島瑞巌寺の銅鉄燈籠の銘文について、「鋳鉄の竿に銘があって、元和四年……藤原朝臣政宗／鋳師仙台住早山弥兵衛……銘は一見太鏨の陰刻銘と見られるものだが、実は銅に刻した文字を型にとって鋳形に活けこんだもの。鉄の鋳肌も実は作り肌というまことに手のこんだものである。このような手法は他に例を知らない。」と記している。

早山弥兵衛は日光東照宮に政宗が奉献した南蛮鉄燈籠にも銘入りで鋳造しており、刻銘の製作年代も同じなので、両者比較しての技法再検討が必要であろう。鹽竈神社の社頭にある鉄燈籠の現状は、後補の屋根に塔身と台座だけを組んだ状態である。

含有されていた非鉄金属の影響

かつて釜石製鉄所の鋳物銑が特に優秀だと定評のあった時代、大正昭和初期の組長級に伝えられた、マニュアルには無い秘伝を聞いたことがあった。それは高炉の出銑時に取鍋の中に、五十銭銀貨を何枚か投げ込んでいたという話である。昭和十年代でも五十銭（一円の半分）は、映画を見て上天丼を食べられたほどの価値があったと記憶している。つまり極く微量だが銀分が添加されていたのである。終戦後通貨の制度も変わり、そのような話は何時の間にか消滅していった。

古い鉄製品の一部を分析して見ても痕跡程度のもので検出は無理であろうが、東北以外の地方ではなかなか出せなかった高級な、茶釜や鉄瓶の磨かれた霰肌の鈍く沈んだ光沢などは、あるいは鋳造現場でのこうした秘伝が影響していたのかも知れない。

神鏡は鋳鉄か鍛鉄か

三種の神器の出自については『記紀』の記述に遡るが、ここでは剣・鏡・玉のうちの鏡が鉄であったという説について述べる。年代は新しいものであるが、鎌倉中末期に著された『源平盛衰記』第四十四巻には、語り物であるためかなりの誇張もあろうが、詳しい記載がある。またこの記載を引用して『甲子夜話』にも第三十八の十三項に『通記』によるとして、直接素材についてはふれていないが、「錦の袋に入った燧《ひうち》」の謂れを日本武尊が用いた日像鏡からと説き、これは鉄鋳物の鏡の破片と考えられるとしている。

これらの点から「さすれば上古の鏡は総じて鉄を用ひしなるべし。……鉄を礱《みが》（磨）くに映明を生ずること唐銅鏡に劣らず」としている。確かに奈良時代辺りになると鉄鏡が多くなる。正倉院収蔵の聖武天皇遺愛と伝えるような鍛鉄鏡が代表である。これでは割れて破片となるようなことはないが、とにかくこの辺りから根強く、御神鏡の鉄鏡説が考えられたのであろう。

『源平盛衰記』にはこの鏡について、天照大神百王の末帝まで、御自身の顔を見ることができるように「我御貌を見奉らんとして、自御鏡を移させ給けるにと、鏡に顔を移し（写し）た。」この点が本居宣長の記した『古事記伝』の、鏡を炫見とする根拠であり、『類聚名儀抄』（選者未詳・平安期）では、神事としては「影見」でこの解釈は神に通じており、また広部・集部・鋏・錙の文字も用いられている。さてこの神鏡、神作のものに瑕疵があったと見え、紀伊国の日前宮に祀り、次回は落として毀損してしまった。三個に破損したということは、常識的に考えて鋳銅製では勿論無く鋳鉄でもない。とすると割れることの無い鍛鉄製のものであったことを裏書きすることになる。こうなると辻褄が合わないが、神器は第三作目のものであろう。それらは神話であるからとにかくとして、前記の小破片が錦の小袋に入れられて、剣の束《つか》に結わえ付けられていたのである。

景行天皇四十年夏日本武尊は東征の途次、伊勢大神宮に参拝し厳宮の倭姫に別れを告げたとき、この天叢雲剣を授けられこれを持って征旅に上ったが、その道中駿河国の浮島原で賊の姦計にあい、賊が放った野火の難に遭遇した。この危機を救ったのが前出の、錦の袋に入れてあった燧（鏡の破片）である（異説あり）。

しかしここで言う袋に収めた破片とは、古代から土豪などが火を得るために用いた鍛鉄製ではなく、鋳鉄製の鏡が割れたものという宗教的な認識である。しかしこれは正倉院の聖武天皇遺愛の鉄漫背鏡（直径二十六センチ）から見ても、鍛鉄製のもののはずであり、装飾的な紐は別製で背面の真ん中を僅かに外れて鑞付けされ、よく研磨した表面には極く僅かに多分錫による白輝色のメッキ跡があった。こうした点から考えると小片に割れるようなものではなく、仮に例外はあったにしても銑鉄を鋳造したものとは考えられない。

記述が『記紀』編纂時代になってのものであるから、鋳鉄の技法は少しずつ実現していたのであろうが、ここで具体的に鋳鉄鏡の破片と推定されたのは、鎌倉時代に入り源平時代など武士社会の台頭期となり、『太平記』などに表現されていたからで、神器・仏具などとして普及されたことを前提とし、さらに東北地方から伝わった神社の鋳鉄の鏡から、鉄は霊力の宿る尊いものと評価された結果、当時なりの想像力が加わって神話と現実の間に実物を見るべくも無いため、ずれが生じたのではなかろうか。

江戸時代末期の国学者斉藤彦麻呂（嘉永六年著『傍廂』）や三浦梅園（安永二年著『価原』）の、金銀は飾りで鉄のみが貴しという鉄中心主義に片寄った思考がすでにこの頃から、生じていたのであろう。

加工の芸は細かいが生産量は少ない

日本で幕末の鑪炉による鉄鋼生産は大雑把に推計して大体年一万五〇〇〇トン前後と見込まれている。その需要分野はと見ると諸外国とは異なり、中世以後は日本刀鍛造の原料（それに槍、鉄鏃や鎧の一部）は別として、比較的には農工具、建築金物、日用雑器が主体であったが、茶釜や鉄仏のような芸術的分野も特殊な伸びを示していた。面白いのは鑪製鉄を殿様の物好きと批判していた向きがあることで、これは白河藩の玉川村南須釜に一八〇〇年に設置された藩営鑪を指し、勘定奉行が中心となり角打で稼行されたが、出雲からの技術導入にしては大した成果は見られなかった。他方砂鉄が採れるので土地の人達は、鉄産には意欲的だったと見えて、古くからこの周辺には小規模な野鑪の遺跡が散在していた。

一方外国でのこの種の用途は、農工具類と武器を除いて考えると、欧州各地で見られる芸術的なものは浮き出し鋳造による暖炉の蓋程度である。木造建築の教会でもなければ鎹《かすがい》や釘を始めとする鍛造金物類など余り使われず、各種の建築金物類も大幅に減少している。大規模な教会、聖堂などの構造に使われるのも中世以降のことで、筆者の見たところではパリ、ノートルダム寺院の屋上にあった。十三世紀の錬鉄支え梁（アーク・ブータン）が最大のもので、御親切に詳細な説明を案内人にして頂いたが、フランス語なのでさっぱり分からず、暗闇の塔の中から出してもらえなかったら傴僂《せむし》男にされるかもという恐怖心の方が大きかった。その他では石段の石の繋ぎに用いた鎹とか、入り口

塔の錬鉄梁（パリ、ノートルダム寺院）

に張られた馬止めの鎖程度で、釘・鎹は極く僅かな使用程度である。トルコ辺りでは一般建材の主体は煉瓦と石であり、建築関係の単位面積当たりの需要は高級なものでない限り低く（日本でもそうであったが厨房具の鍋釜にしても土製品が多く、鉄を必要としたのは刃物類であった）、さらに遊牧民であるため、牧畜関係の鋏や解体に使う刃物などに用いられるものが多かったという特徴がある。なおそれも武器兼用的なものが少なくなく、また蒙古のパオで現地人から聞いた話では、摩耗鉄器の補修再生も生活の知恵として屡々行われていたようである。

第五章　鉄砲伝来の経緯

鉄砲の伝来と採用

　通説としてはポルトガル船が薩摩の種子島に漂着して、天文十二年（一五四三）に二挺の火縄銃をもたらしたことが創始と、長い間伝えられてきたが、これは慶長十一年に薩摩の南浦文之の筆による『鐵炮記』から喧伝されたもので、記録としては最も古く当時なりに精度も良いものであるが、実態とは若干違っているものと思われる。何故ならばそれ以前の十五世紀に日本は下克上や一揆が続発し、倭寇と呼ばれた海賊たちや食いつめ武士の集団が、朝鮮海峡から南支那海を荒らし廻っていた。勿論当時の世相として日本の船だけではなく、仏印やフィリピン、タイ、マレーなどの海賊も、半奪半商の形で多数活躍していたであろう。ポルトガルの新式銃は得難かったものとしても、同国のマラッカ攻撃に際してマレーシアの軍がすでに火縄銃で防戦していたなどの話を聞くと、こうした模倣銃などが密貿易的に、日本の各地に入っていたものと考えられる。

　直接ではないが実際とおぼしい事象に、永禄五年（一五六二）に筑前博多でポルトガル人医師の指導により、日本人切支丹医師が銃丸の摘出手術をした記録があるという（『読める年表日本史』）。

　また『那須記』に永正十七年（一五二〇）、陸奥の岩城由隆らが下野山田城を攻撃したときは、鉄砲の射撃があったことを記している。もう少し古い年代では『北条五代記』で、鉄砲伝来を永正七年（一五一〇）に堺に入着したとしており、享禄元年（一五二八）関東へ伝来したことを記しているが、事実だとすれば中国などから原始的な銃が伝来していた可能性は否定できない。もっとも前記二冊はいずれも江戸初期の編纂であり、現時点では信を置き難いものとされている。

実際に戦闘で使用されていたのは永禄十一年（一五六八）頃から、元亀年間（一五七〇～七三）にかけて鉄砲が普及したと見え、毛利元就は出雲国進攻を企画し、川上の松山城を攻撃するのに、あるいは鳶ヶ巣城の場合も数名の鉄砲を扱う兵を派遣している。兵の呼称が鉄砲放し中間衆から鉄砲衆と変わっている。昔流の昇格ではなかろうか。なお毛利方の佐陀勝間城を猛攻した志道左馬之助は、元亀元年に銃弾により死亡と伝えられている。

毛利元就は生前戦闘に鉄砲大鉄砲を多用することを熟慮していた節があり、永禄年間には輝元に指示しており、堀立壱岐守に大鉄砲を放つため鉄砲衆中の名手を派遣している。天正年間後半の記録に手火矢の調達・修練が多いのは、天正四年に木津川口に織田水軍を破った伝統と効果の過信からであろうが、鉄船を主とした兵器水準の差で三年後には和泉淡輪沖の海戦で敗れている。この頃から日本でも戦闘方式が集団方式へと変貌を遂げた。

当時から逐次鉄砲の数は日本中の諸豪に普及し、保持挺数も有力豪族は千挺を越えるようになった。これに伴って弾丸も鉄・鉛半々程度が大量に備蓄され、日本では入手困難な火薬の原料硝石も、輸入に依存するばかりでなく原始的な技法ながら、創意工夫によって入手することができるようになった。織田～豊臣時代の鉄砲秘伝書類から想像しても、鉄砲と言う新しい戦闘技法に対して如何に整備応用に意が注がれていたか推察できる。

もっとも江戸中末期では鉄砲奉行の管理下で平和な日が続くと、雑兵は銃腔磨きのみに明け暮れ、試験発射をすることも年に三～四回程度に過ぎず、これでは新鋭武器を手にしても、元和偃武の時代では華々しい戦は無く、鉄砲も活躍するチャンスは無かったであろう。

ノエル・ペリン（米人・ダートマス大学教授）が『鉄砲を捨てた日本人』で、この強力な武器を放棄したと思ったのも、金に糸目をつけずに購入してくれていたのに、戦争の低迷と国産化が進んだことにより外人から見れば、日本の武士団は外国製品を買ってくれなくなったということが要因であろう。猟師・農民の使った分は初めは無視したようである。

江戸中期以降この鉄砲は幕府や藩としての手前一定数揃えておく必要があった。従って鉄砲担当の組織に属した雑兵は暇さえあれば、カラクリ部分の分解手入れと、カルカと呼ばれた樫の棒（搾杖）を使って銃腔磨きが専門の仕事となった。要するにメンテナンスであるが、煤煙の出る粗悪な黒色火薬であり、塵埃や雨露の害での発銹も少なくない。時には摩耗したり曲がりのきた銃身の取替えも必要である。怠けていると組頭古兵のビンタが飛ぶ、この伝統の酷さは今時大戦時に、兵営生活を体験したものでなければ到底判らないであろう。

【補註】

中国で言う鳥銃の日本への伝来は、倭寇などの略奪によったにせよ、平穏な取引があったにせよ、南蛮船（多分西欧や東南アジアなど）から入着し始めていたのは確実であろう。嘉靖二十六～二十七年（一五四七～四八）頃には明の軍船が日本や南蛮の船を攻撃して、乗員を拿捕しているが、それらの船には当時としては珍しい、小銃や鳥銃、それにフランキ（原始的な大砲）なども装備されていたと言われている。こうした次第で嘉靖三十七年には明国の兵仗局では、一万挺の鳥嘴銃を造ったと記されている。

さらに明の鄭若曾編（胡宗憲の部下が執筆）の『籌海図編《ちゅうかいずへん》』などにはその辺の経緯が詳しいが、嘉靖四十一年（一五六二）の記載などからすると、それより二十年程度前から銃は知られていたもののようである。とすれば日本に知られたのも、その頃まで遡り得ると考えられるのではなかろうか。種子島への伝来が文書として纏められたために、日本唯一の纏められた鉄砲文書として、シンボル的に扱われたものであろう。

周辺事情を考慮して

多くの著書に書いてあるような経緯で、種子島ルートを中心として倭寇や漂流船などにより、鉄砲は日本各地にもたらされたが、それと同時に戦国時代の新兵器として領主達の需要が急増したので、各地で鍛冶工の中からこの分野に転向する者が頻出した。そのため鉄砲張やカラクリの部品鍛冶が地域に何人かずつ、固まって職人の集落を作るようになり、一部は堺・国友のような著名産地にと成長していった。

さらには大スポンサーである領主の好みにより、量産体制でいざ戦闘に備えて実用を旨としたものや、その一方で、漆蒔絵・象嵌などの施された高級品、いわゆる「殿様鉄砲」と呼ばれるものも現れた。また日本人特有の職人気質から、流派による装備・形式の変化が見られ、多様化するとともに後には設計図面が普及し、銃身部・機関部・附属部分など各パーツ毎に量産され、外国製品の品薄や異常な高価と相俟って分業化、つまり総合組立産業の形にまで発達した。

火縄銃には到来地の名から「種子島」の名が付けられ、船載されたムスケット銃（マラッカ）の代名詞としてよく知られている。しかし見たこともない新顔の武器のため、抱え大筒のような大鉄砲は単に「大筒」とも呼んでおり、古文書を読む場合は呼称がケースバイケースで、銃と砲の判別は難しい。中国・朝鮮伝来の記述では「鳥銃」はじめ「手銃」などの呼称もある。

伝来の概要については小著『鉄から読む日本の歴史』でほぼ足りるが、中心記録とされている南浦文之の『鐵炮記』（天文十二年・一五四三伝来説）そのものが、種子島家お抱えの文士として書かれたものであるため、正確さが期待できるかどうかに若干疑問がある。その上王直の名をあげるまでも無く、多数の倭寇の出没や密航船舶の出入りもあり、こうした鉄砲を、それらが種子島に来航する以前に、既に一部の島々や貿易商人などにもたらしていたことは、利のあるところ何処へでも行く商人にとって当然のことであり、欧州の生産地から直接ではなく、中間の東南アジアの寄港地からでも持ち込まれていないはずはない。

もう少し古くは前述のように『北条五代記』で鉄砲の伝来を永正七年（一五一〇）に堺へ初伝とし、享禄元年（一五二八）に関東に伝来したとしている。しかし両記いずれも編纂されたのは江戸時代初期であり、記録された年代の点で差異があって、信を置きがたいとされている。

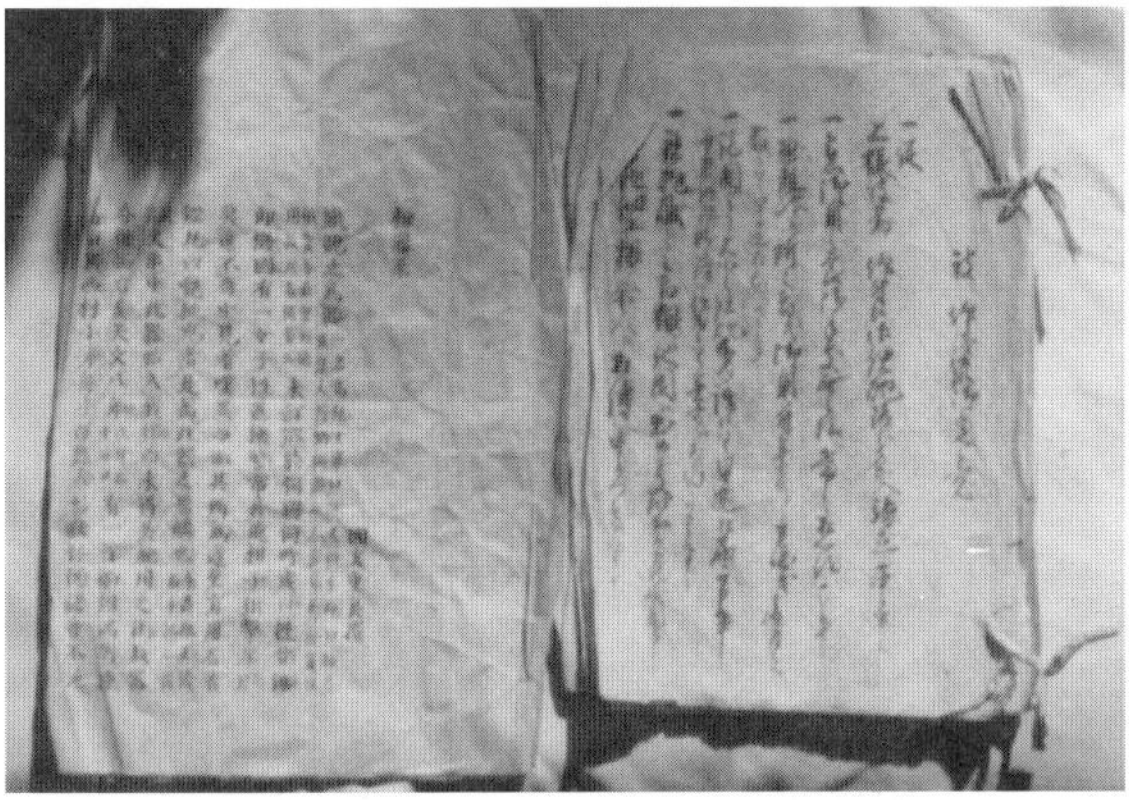

国友鉄砲製造秘伝書（昭和50年撮影）

江戸中期には徳川幕府の鉄砲取締りで、全国的に見ると戦乱期の終焉とともに銃の需要は低迷していった。そのようなところから、後にノエル・ペリンの著した『鉄砲を捨てた日本人』的な認識がされたのであろう。箱根関所の厳しかった「入鉄砲に出女」の取締りが内乱・一揆に対する危険物性をよく物語っている。

しかしその一方で幕府も藩も鉄砲の保持は石高に応じて整備することが規定されており、常時メンテナンスのために部品などの補充も必要であった。細かい点は不明であるが、そうした用向きもあり、また山村で用いられる鳥獣の駆除のものには強い制約は無く、免許制のような形で国産でも結構その供給はあったようである。

江戸初～中期の鉄砲は銃身が簡易な鉄板巻きによる、小口径のものが主で扱いに便利な弾丸重量三匁から六匁級のものが多かったと見え、異型式なども特例発注のもの以外はそれである。弾丸は六匁銃の場合鉛を簡略な鋳型に注入して造った直径十五・八ミリ弱のものが多かった。

国産の銃を外観で見ると、国友銃は主として足軽などの戦闘用で内からくり（内部に火砲点火装置のバネがあるもの）、堺製のものは十中八、九まで注文製の、蒔絵などの描かれた殿様鉄砲や上士用のものが多く、外からくり（銃身横に松葉状のバネをつけたもの）の仕様になっている。他に南蛮からくり（バネにぜんまいを用いたもの）などがあった。

火縄銃の場合、目標物との隔たりによって、銃弾の命中率は極度に違ってくる。もちろん火薬の種類、装填量が飛距離を左右することは確かであるが、最大約十間が限度であろう。かくて鉄で造られた権威の表徴の刀剣は同じ材質でも大量殺戮目的の銃砲へと変わった。

一方、幕末になると現在の中近東・アフリカなどの内戦に見られるように、欧米の新式・旧式の銃器が山積みになって、投機の対象となり輸入されていた。当時の日本の場合もこれらの国と異なることはなかった。しかし異なった点は手先の器用な日本の工人達によって先込め火縄銃式のものが、大量に新式銃を真似た改造銃にされたことである。言い換えれば幕末を境に火縄銃から効率のよい雷管式などのものに改良利用されたのであった。

織田信長と小銃戦

戦国時代最初の覇者と言える織田信長が戦闘に際して、外来武器である鉄砲を活用したことは周知の通りである。しかし史上知られているほどに、実戦で多用されたものであったろうか。何年かの経験を蓄積し逐次保有挺数を増やすとともに、当然技術的戦術的に研究した上で、試行錯誤が繰り返されていたものと推測される。

通説での導入は天文十二年（一五四三）とされているが、実用の可能性を認めて素早く採用したのが信長で、天文二十三年（一五五四）に駿河の今川氏を攻めるに当たり、尾張の村木城を攻めているが、海路を知多半島から上陸、緒方に陣を敷き村木城を攻めている。太田牛一の『信長公記』によれば、鉄砲で城の狭間を攻略したと記しており、近世の建替えた城でもそうであるが、狭間は小さくて中から撃つには安全だが、外から撃っても効果はほとんど上がらない。鉄砲を取替え引換え射撃したと言うが、これも二十年以上を経て戦った長篠城外で、後世史上に名を残した刮目的な鉄砲戦（後述）とは比較にならない。射撃手の交代よりもまだ国産銃の性能、特に銃身鋼の耐久性の問題があり、摩耗・曲がりなどで故障が続出したであろう。

二年を経た弘治二年（一五五六）では斎藤道三への支援で、機を失った信長は斎藤義龍の追撃を受けたため、殿で鉄砲を放ちながら尾張に引き上げたという。だがこの当時効果的な馬上筒（短小銃）があったのかどうかこれも疑問である。

続いて元亀元年（一五七〇）には三好三人衆などを相手に摂津野田、福島砦を攻撃しているが、信長は天王寺に本陣を置き大鉄砲を使用して、これで砦と石山本願寺を攻撃している。このときには鉄砲の修練を積んだ雑賀、根来の鉄砲衆三千人が受けて立ち上がっていたから、信長としては初めての本格的な銃撃戦の経験ということになっているが、果たして真相は？　引続いての元亀二年（一五七一）春に伊勢長嶋での一向一揆と激突したときには、信長軍は戦況不利で一揆勢の猛攻を受け、鉄砲と弓による多数の被害を受けている。同年の秋には比叡山延暦寺を攻撃、僧俗三千～四千人を殺戮したことが『信長公記』には記されている。武士ならぬ僧侶の虐殺であり、四千五百余の堂宇も灰燼と帰さしめ、これによって信長は仏敵の烙印を押された。しかし太田牛一のこの記述も誇大表現と取れなくもない。

竹生島の戦い、伊勢長嶋の戦いと休む暇もなく、加賀の一向一揆も鉄砲で殲滅している。天正三年（一五七五）の長篠城の戦いにおける信長と武田勝頼の決戦は、三千挺の鉄砲と三段撃ちという銃撃戦法の活用が採られたとされ、史上余りにも名高いが、勝頼勢を破ったことは確かにしても、まだ足軽銃隊の未整備な時代に三段撃ちなどは至難の業であり、牛一もその点には触れていない。長篠合戦図屏風の絵などからの、後世になっての連想であろう。

往時の馬は体格も今日とは比較にならず、確かに轟音には弱かったから突撃体勢に乱れが出たであろう。この辺りの記述も信長の威勢を示す誇大表現である。

摂津石山本願寺に対しては、一揆側は信長に負け続けていたので和議の交渉もあったが、毛利軍の援助を奇貨措くべしとなし、信長は大包囲陣を受けて立つ結果となった。一方城砦化した寺に立て篭もった門徒衆も良く持ち応え、ついには信長は鉄砲傷を負ったとあるから、攻撃の成果ありとは言い難く、同年木津川口での海戦も戦況利あらず。この被害に信長は奮起して二年の間準備し、天正六年（一五七八）には鉄板貼りと称する大船六隻（一隻は向船と言う）を用意し、和泉淡輪沖の海戦に臨んだ。もっとも図録などに描かれた軍船は威風堂々の大鉄砲を備えていたというが、楼屋式で戦闘艦としては構造的に若干無理があり、やや厚い鉄板を貼った程度の外板の場合でも戦闘時には安定性に欠ける恨みがある。さらに手間の掛かる事後の発銹に対するメンテナンスは判っていたであろうか。

ともあれこの敗戦により本願寺は没落の命運を辿った。なお天正五年（一五七七）には鉄砲戦に習熟した紀伊の雑賀・根来などの土豪が掃討された。本願寺の反抗に協力していたという理由からである。たかが小豪と侮った反面信長は、ここでは積年の恨みとばかり、本当かどうかわからないが桁違いに多い十五万の兵を投入したと言われている。

僧兵が獲得した財物で富裕になった寺院を、信長のような強豪が攻撃し、それを簒奪して巨大な浮利を得ていたことも当然の事実である。昔から現代まで戦というものは決して綺麗ごとではない。

小銃戦闘で出色の雑賀・根来

鉄砲使用の歴史でこの信長に続くエピソードは根来、雑賀のグループであろう。極く簡略に述べれば、僧院から端を発し常に兵備怠り無く、練武、特に鉄砲の操作に習熟しており、各地の動乱ともなると時に急遽出向いて傭兵となり参戦していた。

雑賀は室町後期に紀州鷺森《さぎもり》御坊を中心に結束した本願寺の門徒が中心である。時に根来などの鉄砲鍛冶から製品を流入させ勢力を持ったが、信長の猛攻に遭い天正五年滅亡した。しかし顕如がまだ石山から雑賀御坊へと退いているのは、この勢力の強大さを物語るものであろう。

一方の根来寺の武力集団は、覚鑁《かくばん》によって創立され年を追って勢力が伸張した。しかも根来は地の利を得ていたので鉄砲導入に力を入れ、これも強大な勢力を誇ったが、秀吉の紀州攻めで滅亡の悲運となった。主を失った徒人衆徒などは職を求めて傭兵などになって四散した。これらの鉄砲による仇花とも言える一時期の勢力伸長は、近くに堺の港を擁していたことなどが理由としてあげられるであろう。

もう一つ古い時代の鉄砲を使用していた例では、永正十七年（一五二〇）の『那須記』で陸奥の岩城由隆らが下野小田城を攻撃したときに鉄砲の射撃を行ったことが記されている。これは年代的に若干古すぎるが、他に輸入のルートがあったのであろうか。出雲で永禄六年（一五六三）に出雲白鹿要害と熊野表合戦で、同八年には尼子義久の兵が使用したことが伝えられている。種子島伝来から僅か二十年に過ぎず、これらが後に有名になった堺や国友から購入されたものか、出雲付近は素材の鉄産地であるから、地場の鍛冶が既に育成されていたものか、注目される点である。

世上鉄砲の威力を発揮したと言われる織田と武田の長篠の戦いが天正三年（一五七五）で、これも誇大表現とされているが、それよりも十一、二年も前のことである。

都治隆行は永禄四年（一五六一）に被官らとともに不言城《ものいわず》に籠城して、福屋隆兼の軍勢と戦い、「以鉄砲敵数人討臥」とあるような功績を上げて感状を得ている。二川で起こった鑪吹の残滓が水害で流下しこの辺りに被害をもたらしたことがあるので、こうした理由に基づく戦乱があったことも想像される。中期の製鉄＝細々とした鉄砲加工の進展が影響しているのではなかろうか。それにしても鉄加工の基礎ができていたとはいえ新鋭技術の伝播スピードが早すぎるような気もする。

時を経て鉄砲の使用による戦術が普及すると、松平信興、同輝綱が書いたと推定されている『雑兵物語』で表現されているように、同書の書かれた時代でも火縄や早盒《はやごう》、カルカなど多くの附属機具が必要であったのであるが、それらの説明はここでは省略する。

ただ弾丸は鉛製丸玉の場合が主で、ヤットコ状の鋳型に流し込む、とにかく簡単に熔解鋳造できる鉛製なのであるが、幕末になるとシュナイダー銃やスペンサー銃の時代になり、貨幣と同様に木の枝状に鋳造しており、不足した分は戦陣の中で製作していた。勿論外国からの輸入品もあった。幕末のものは弾頭が丸みを帯びてほとんど尖っておらず、現在の弾丸より長さが短かった。

なお、「大将は前線に出るな、先懸けして討死にするは大将の器にあらず」、と言われているが、戦国初期から戦術が変わり、不慣れな往時の戦法で飛び出して流れ弾にでも当たっては不名誉なことこの上なし、という意味であったろう。

加えて鉄砲が武士の表芸ではないとされた初中期の頃は、銃の取り扱いに不慣れのため、炸裂や暴発を屡々誘発する、という考えが濃厚であったからであろう。

鉄砲の製造水準と効力

豊臣秀吉の小田原城包囲陣は余りにも有名であるが、僅かな西北部の小競り合いの発砲は別として、豊臣が所持している大量の鉄砲で一度北条方の兵士を威嚇したことがある。これを「豊臣と北条の鉄砲比べ（天正十八年六月二六日）」と書いており、「其夜の鉄砲に敵味方耳目を驚かすこと前代未聞なり」と表現し、「一夜が間放しければ火の光は満天の星の如し」ともあり、北条方の言葉は何の恐れ気も無く、蛍が群舞している風景になぞらえている。

この当時の鉄砲は新兵器として恐ろしい威力を持っていたのであろうか、それとも本城の上から見たら剛勇の士ならここまで届くものかと思った程度のものだったのであろうか。

偶然であるが筆者は平成四年秋、パキスタンのスフトー渓谷にあるバーレン村付近で、八坪程度の極小規模で余りにも貧弱な鉄砲工場を見た。ここでは注文さえあれば、拳銃からバズーカ砲まで造ると言っていた。それが道具立てなど復元された江戸末期の国友鍛冶の工場と基本的に類似していたので写真で対比させてみた。

日本では素材は炭素分の幾らか多目の庖丁鉄であり、銃身の鍛接と薬室周りの強度保持に技術上の問題があった。しかし基本的には時流から大量生産を反映して、後には国友などでは部品の規格生産にまで進んでいた。つまり設計図による分業量産体制となっていたわけである。一方堺では大鉄砲や殿様鉄砲のような単品物が生産され、現在でも美術的に豪華な点から各地の城郭博物館などに残っている。

近世の鉄砲銃身の巻張りは荒巻した上に、一重、二重とスパイラルに鋼帯を鍛着して製造したとされているが、製造が困難でありこうしたものは余程の高級品であろう。

また昭和十六年頃に関東軍に従軍した知人（下士官）から、「匪賊が水道管や自転車の解体屑の電縫管で小銃を造るのを見た。十発も撃てば銃身にガタが来て腹も裂けはじめてしまい、命中率も極めて劣悪であった」と話された。

火縄銃の鉛玉は砲腔より幾分大きくするらしく、『雑兵物語』によれば噛み潰して装填していたと記されている。しかし軟質の鉛玉でも口径によっては若干大きく、猪打ち玉程度の大きさであったから、石の上で握り拳大の石を使って叩いた方が合理的であろう。また緊急のときでもあり、下手をすると誤って飲み込んでしまう恐れもあったのではなかろうか。

鉄玉の場合は幾分小さく造って布片や和紙の切片を巻いて使うしかない。薬莢に仕切りとして収める、コロスのよ

超小規模個人鉄砲工房（パキスタン）

鉄砲鍛冶工房（復元）（長浜城歴史博物館）

うなものはまだ出現していなかった。

なお鉄砲の製造は複合産業で単一の職人によるものではなかった。銃身は庖丁鉄で肉厚の鍛接筒が基本であった。鍛造圧接の工程は鉄砲張と呼ばれた工人が造ったが、同じ鉄製でも照星、照門、引鉄、薬室、などは絡繰《からくり》師が造り、銅細工の部分もあり、さらに木製の銃台部分などは台師が造ったものを集めて組み立てていた。言うなれば総合組立産業である。

弾丸と火薬原料の入手

砲弾として当初の材料は小銃の場合は鉛で鉄丸もあったが、不可欠なものは主に鉛玉と焔硝である。わが国では古来鉛は産出するが、焔硝はその産を見ない。鉛については岐阜県の神岡鉱山、宮城県の細倉鉱山、兵庫県の明延鉱山や生野鉱山などで、古くから方鉛鉱が発見され、最も古い神岡は千二百年前から掘られていたという。『和漢三才図会』では産出地として、対州、羽州、賀州、紀州、豊州、をあげている。硫黄と木炭は豊富なので記す必要は無かろう。なお火薬の主成分になる焔硝は、故実叢書の『安斉随筆』によれば「五六十年圣《へ》たる人家の下の土に生ずるなり、試みるには、床の下に這入りて床下の土を取りて、火に乾して火に焼きて見るに、塩硝生じたる所の土は、火に逢えば必ず跳ねるものなり、跳ねば塩硝有りと云々」とあり、その入手に苦心したことが偲ばれる。輸入が少量はあったであろうが備蓄は少なくて、土硝と硫黄塊、それに木炭片の三種類を摺り合わせただけの俄造りのもので、これでどれ程の威力が出せたであろうか。またこの時代の戦闘で間断なく射撃ができるほどの銃弾や火薬はまず用意されていなかったと考えられる。

秀吉の刀狩りで集めた鉄

京都七条の方広寺大仏殿にある豊臣秀吉が「諸国百姓刀狩の令」で集めた刀や槍を材料にして作られた太柱用の鉄箍《たが》は、百姓町人の一揆・叛乱を慮った、強権発動の証しである。そのため刀のクラスで言えば、員数集めの関係から極く少数の名刀も混じってはいたであろうが、大部分は足軽雑兵用、それに農民が戦場跡で拾い集めたような雑多な武器程度のいわば二〜三級品であろう。

鉄大箍（京都市方広寺）

この鉄箍、一例では直径が外縁で一・五メートル、帯の幅は二十センチ、厚さは三センチ強、一個の重量は約二・二トンである。物が大きいだけに鍛造には随分無理をしたと思う。寸法も不揃いで釘穴もあり、叩き方は幾分乱雑である。化学分析など思いもよらないが、実施されたらどんな数値が現れてくるであろうか。

巨大なこの鉄の輪に関しては筆者に若いときの思い出がある。それは最初に実物を見たのが東京国立博物館の倉庫で、当時日本鉄鋼連盟で実施していた『鉄と生活』展の借り物に伺ったときのことである。当時考古課長をしておられた故三木文雄先生から「こんな大きな物、持っていけるなら貸してやるよ。いいよ使っても！」と言われて、その重いのを日本通運の美術品梱包に頼んで、上野の国立博物館から三越本店まで短距離だが強引に運んできた記憶がある。展覧会の目玉にはなったが運賃が大変だった。

方広寺は一般には鉄箍よりも「国家安康・君臣豊楽」の銘で有名な大梵鐘のある寺で、豊臣秀吉を祭る豊国神社に隣接していることで知られている。ここの大鉄箍は大きさからしてこの大鐘を吊る鐘楼ではなく、恐らくもっと巨大な建築、例えば大仏殿の主柱のような特に力のかかる押立柱の様な場所に使用されたものである。木材はこの時代にも既に超巨木による一本造りというわけにはいかず、何本かの丸太を縦に三角に木取り合成した松明柱と呼ばれる方法によるもののはずである。端部などは鉄箍を打ち込み、或いは焼嵌めしたものと考えられる。部位によっては一尺以上の長さの大釘を打ち込んだ箇所もある。

このような施行方式は、新しいものであるが再建した東大寺の柱でも見ることができる。筆者はこの鉄箍の柱への打込み方法とエンタシス形式の関連に注目している。

大坂冬・夏の陣の通説

豊臣家を盛り立てて行くはずの家康は、慶長十年四月（一六〇五）将軍職を秀頼を疎外して、三男の秀忠に引継がせた。これは完全に政権が徳川家に移ったことを意味しており、秀吉の遺命が守られると信じていた豊臣方にとって、抜き難い徳川不信の念を抱かせた。

慶長十六年不満を秘めてのことは承知のうえで、上洛してきた秀頼を家康は満足気に迎えたが、出頭した秀頼の成人ぶりに疑心暗鬼を生じた。その結果は家康の心中に完膚なきまでの、大坂打倒の謀略を策定せしめていった。

もっともその方策は慶長三年（一五九八）秀吉死亡後直ちに始まっていた。取りあえずの手段としては、大坂方の膨大な戦力を削減することであり、具体策としては既に関ヶ原戦の直後（一六〇〇）に、伏見への鋳貨施設の設置が行われている。方広寺の大仏殿造営が一般には良く知られているが、他にも多くの神社・仏閣の関連工事に莫大な寄進をさせて、豊臣の蓄積資産を浪費させるなど、金による思顧の家臣団の切離しを画策していた。

大坂城攻撃の機が熟したのは慶長十九年（一六一四）の方広寺大仏殿の鐘銘に鋳込まれた、「国家安康・君臣豊楽」の字句に対する言い掛かりである。このような陰謀による戦端の開始は、大坂方の籠城抗戦を頗る困難なものにした。しかし大坂城は現在見られるそれより貧弱にしても、流石に秀吉が築いた天下の名城であり、真田を始め思顧を受けた家臣も少なくない。

慶長十九年（一六一四）十月二十三日京都二条城に入った家康は、好機至れりと十一月十八日には大坂南部に出向き、茶臼山に本陣を構えた。冬の陣の始まりである。大坂城を取り囲んだ東軍の兵力は二十万人。また包囲網のみならず難攻不落の大坂城を攻めるため、当時の新兵器大砲を堺から調達し配備を計ったと言われている。さらに西軍側の打つ鉄砲の防御のためには、大量の鉄楯と竹束を用いたと言われている。（一部他の大名も使用）

この鉄楯については二木謙一先生の『歴史と人物』（昭和五年）に書かれた「史上最大の攻防戦」に詳しい。そこに引用されていた『孝亮宿祢日次記』に、十一月十九日の記載として「大坂表秀頼城責めに就いて、大仏前に於いて鉄の楯六尺四方これを造るの由風聞。車に懸けてこれを引かしむ云々」とあり、方広寺の大仏殿前で大鉄楯が鋳造されたと書かれている。

また同じ事柄について『攝戦実録』という文献は、このときに鉄楯は二十枚調達することが命令されたと記している。家康本陣はこれを茶臼山に十枚、東側二キロの地に陣を張った秀忠に十枚分配している。但し西軍の『大坂記』ではその枚数は、何処で聞いたか千枚となっている。ただ考えさせられるのは、この戦闘で家康や秀忠を防御するために陣営の慢幕の前に、このような鉄楯を張り廻らしたとしたら、小銃弾を避けるには最低でも三尺×八尺くらいの鉄板が四〜五枚は必要であろう。方広寺の鉄箍（直径一・五メートル×幅二十センチ×厚さ三センチ）を、二つ切りにし（四・七五メートル周）円弧状のものを平らにして、これを鍛造し左右に広げれば、中板程度になるので楯に丁度よい程度の寸法になる。これなら至近距離で無ければ、当時の火薬の力では大鉄砲でも破壊もできず貫通することも無かろう。

しかしこの鉄籠を方広寺の近くに甑《こしき》をしつらえ溶融加炭して、鉄楯に緊急鋳造することは、京の都で茶釜・燈籠を造る鋳造職人がいたにしても、この場合対象が大型平板であるだけに技術上の困難が伴う。銑鉄の産地から銑《づく》の塊を迅速に取り寄せることも、周知の激戦の最中であっては所要の日数を考えると、到底戦時下の緊急調達は不可能なことである。第一製作できたにしても京都七条から茶臼山までの距離もあり、この白銑鋳造で肉の薄い幅広物の鉄楯の運搬に不完全な梱包材料で大八車を使ったら、輸送中に鏬割れや亀裂したものが、続出してしまうであろう。三十センチ幅厚さ三センチなら局部的加熱でも、なんとか切断できると考えられるからであるが、実際焼け跡にあった他のもう少し小さな二十センチ幅厚さ二センチの鉄籠の方が、切り易いからと先に使ったのではなかろうか。逆に大仏の転倒を支えた巨大な金具などは、厚みがありすぎて転用できず今日まで残されているものと思われる。筆者はこの話は方広寺焼け跡にあった大鉄籠からの連想と思っている。これなら造って造れなくは無いが急場に間に合っただろうか。『大坂物語』では冬の陣のときに、徳川方の松平左衛門尉の一隊は、五寸の欅板に一寸厚の鉄板を打ち付け、車輪までも取付けた鉄盾を用いたという。城門の扉のようだが、鉄板であって鋳物では無く、この点は正しかろう。しかし銃弾には三分もあれば十分である。戦記物に有りがちな見てきたような話である。

なお、大坂城を天王寺から射ったというのは全くの後世の創作で、当時四キロも飛ぶ大砲はまだあり得ず、至近の二キロ足らずにあった真田丸すら砲撃することができなかったはずである。

大坂城の堀幅が四十間から六十間あり、着弾距離を考えると、堀を超えてでは小銃の殺傷力も弱く、大砲も届かないか破壊力も無いと思う。堀の下を掘って城内に入る銀掘り活用のトンネル作戦も、計画だけで実施はおそらく無かったであろう。十二月十六日家康は砲術に秀でた牧清兵衛、稲富宮内などに指揮させて、和泉堺や近江国友などで調達した五〜六百匁玉の大筒に加え、イギリスやオランダから購入した四〜五貫目玉？　の大径砲、十数門を用意し、諸将も自前で砲列を敷いていたとされている。しかし当時としたら大砲が余りにも大きく誇大と思われるし、あっても実効があったかどうかは定かではなく、むしろ爆発音による城内の者に対する威嚇の方が大きかったであろう。これに対して大坂方は朝鮮役に使用したものや貧弱な破羅漢と称する青銅砲・木製砲が主であったという。

大坂表の銃声砲声が京都まで響いていたというのも、遠鳴り程度に過ぎなかったであろうが、記録に残っている。恐らく都雀の誇張された話となって、百千の雷が落ちた如くと表現されたのであろう。十二月十六日から十八日にかけての砲撃は、大坂冬の陣では、終始強気できた淀君を初めとする、女性陣の心胆を寒からしめ戦意を喪失せしめて一挙に和議へと軍議を進めさせる結果を招いてしまった。

この年末も押し迫っての和議は近々起こす予定の大殲滅戦に対する家康の綿密な布石であった。かくて天下随一を誇った大坂城は、哀れな裸城となり、西は松屋町口から二の丸、三の丸を失い、東は真田丸の後背部、平野口、黒門の三の丸も野戦場となってしまい、西側も今橋から鱣谷橋までの川筋も埋め立てられ、城壁は天守本体を囲む一重の堀の部分のみとなって、戦闘時に地形地物の利用は全くできない有様であった。こうした場合本来城から打って出なければ戦にならないはずであったが、豊臣側軍議の大勢はこの点を誤り、先制攻撃ではなく消極的で、頑に城に頼る籠城つまり勝てるはずの無い専守防衛であった。

家康は収集した情報をもとに元和元年（一六一五）四月四日駿府を出立して、名古屋を経由二条城に入ったが、既にこの夏の陣には勝ちを確信しており、これから展開する戦闘を楽観していた節が見える。五月五日二条城を出て翌日は早くも道明寺の戦に勝ち、七日には難物の真田幸村を討ち取っている。こうした状況に対して大坂方は準備不足から、食糧は枯渇し兵士は消耗して木造の大坂城は、砲弾と火矢による猛攻で忽ちに炎上した。千姫返還に伴う助命懇願にしても何らの返答もなく、天守北側の山里曲輪は徳川軍の集中砲火を受け、少し誇張すれば阿鼻叫喚・生き地獄の中で秀頼二十三才、淀君四十九才は自害を遂げたという。元和元年五月以降のことで、これからの二百年程が、後に元和偃武と言われる、外様大名などに対する圧政下の平和時代である。

なお、備前島（現在の都島区網島町辺り）に東軍が大砲を据えたとしても、ここから大坂城の本丸までの距離は七〜八百メートルあり、まだ火薬の力も弱く四〜五百メートル飛んだかどうかという往時の大砲では着弾はおぼつかない。まして丸玉で炸裂することが無いため、破壊力や殺傷力は極めて弱かったはずである。外国から渡来した驚異的な新兵器として、耳を劈く轟音による威嚇が最大の効果と想像される。大砲による城門射撃の後には火矢を持った弓兵、さらに刀槍の部隊が大挙侵攻したのではなかろうか。

【補註】

この大坂城は秀吉が石山本願寺の跡に、天正十一年（一五八三）に築造した豪壮堅固な城であるが、現在のものとは全く異なり木造の瓦葺きであった。そのため、大坂夏の陣で完膚無きまでに破壊炎上させられてしまった。後に徳川幕府によって一六三一年に復興されたとはいえ、それも明治維新におよび長州軍によって再度の破壊を受けている。現在の城は昭和六年に再建されたものであり、さらにその後平成九年に大改修が施された。そのため現在の壮大な白亜の雄姿からは、難攻不落と言われながら、秀吉時代の火矢などで簡単に炎上してしまい、絵巻に残るような阿鼻叫喚の戦乱が生じたことを想起することはできない、そうした乱世の面影を現在の城からは偲ぶ由もない。

徳川一族の大名にも

故人の戒名に鉄の文字を用いた例は余り多くはない（曹洞宗では戒名ではあるが、浄土宗では法名、日蓮宗では法号な

鉄関了無墓碑
（南足柄市大雄山最乗寺）

どと宗派によって異なった呼称が用いられている）。

筆者の知る古いものでは『新編相模国風土記稿』足柄下郡巻之九にその一例が収録されていた。名刹曹洞宗の「最乗寺」の項に、「松平大和守直基《なおもと》墓」として、開山塔の脇にあり、「法名仏性院殿鉄関了無。慶安元年（一六四八）生年は慶長九年（一六〇四・三月二十五日）八月十五日卒す」とある。この記載をたよりに南足柄市の同寺に墓所を訪ねると、鐘楼と多宝塔の間の奥まった一段高い場所に、将棋の駒形をした高さ三メートル余り、底辺の幅一・五メートル、厚さも一メートル弱に及ぶ苔むした墓石があった。

堂々たる立派な碑面には「捐館（貴人の奥津城）仏性院殿鉄関了無大居士補儀（法名）」とあり、裏面には「従四位下侍従並行松平大和守源朝臣直基」とあった。なお前記文献によれば、同寺の主要な宝物十例のうちにこの松平大和守が寄進した品として、葵の紋が付いた紫綸子幕一張、卓圍紺地金襴一舗、経机一脚があった。

逝去の慶安年間は徳川家光の治世である。前記戒名や巨大な墓碑から想像して（同寺関山了庵和尚の名に準ずる）超破格の扱いを受けた、大施主（大檀那）と思われるので調べてみたところ、それもそのはず徳川家康の孫、松平（結城）秀康の子であり、通称は五郎八、越前勝山二万五千石を振り出しに栄進を続け、瀕死の病気で赴任は果たせなかったものの、最後は播磨国十五万石の太守である。譜代大名越前松平家の出であり、その子直矩は文芸に身を持ち崩したが、転々として後にこれまた白河藩主となっている。

なお東京台東区下谷の法輪山泰宗寺にも墓が存在しているという。

在世の時代（一六〇四〜四八）は、雲伯地方で絲原、桜井、田部などの有力鉄山師が台頭し始めていた。その上、没以前の百余年間は天下統一戦争で武備資材として築城や刀剣に鉄が貴重であり、鉄砲の伝来は戦国群雄によってその確保に力が入れられ、素材の鉄生産に拍車が掛かり技術も向上し始めていた時代である。

こうした情勢であったことからこの当時は、製鉄に拘わらなかったにしても鉄の普及拡大期であり、技術革新による天下制覇の基礎として、鉄という言葉が広く一般大衆にも知れ渡り、知識人の戒名にまで使われたのではないだろうか。最乗寺近傍には大杉平や鑪戸などの地名があり、この辺りでも製鉄を実施していた遺構がある。

他の地域ではこのような戒名の例がないかと問い合わせたところ、当時仙台市の金属博物館に勤務しておられた野崎準氏から、同市青葉区北山の輪王寺にある、文化十癸酉年（一八一三）の墓石に「鉄肝浄勇信士」とあり、その他新しいものでは昭和十年に、陸軍省軍務局長永田鉄山少将を斬殺した相沢三郎中佐の戒名があって、前記と似ているが、「鉄肝院忠誉義徹居士」で、同区新坂通の充国寺に墓があることを教えられた。

さらに天保年間の水沢市には、「鉄買成金庵主」という、豪邸に住んでいた鉄屋の旦那であろうが、少々茶化してつけたような例もある。また郷土史家の故切田未良先生の随筆に、鉄翁、宗鉄、心鉄、鉄叟などの名があげられていた。なお、先生は東北地方の医師であった関係から、この戒名について往時のことでもあり、業病で死亡された仏に付けたケースが多いと考えておられ、実際そうした例が百年二百年前の僻地では多かったのであろう。その点現状では永遠不壊や生産販売関係者の意に全く変わってきている。

堅鉄の意から鉄産の意へ

西の方では鳥取県の西坂鑪の跡を調査中に、新しいものだが廃寺の墓地で忠魂碑ほどもある墓碑に「鉄性院」の文字が認められた。かつてこの寺に山門を建築し寄付したほどの鉄師だという。となると並ぶ島根県ではということになるが、同県多伎町教育委員会発刊の『田儀桜井家』によれば松尾充晶先生の『石造物からみた田儀桜井家』の論稿に水丸子山墓地に安政巳年の鈩屋了鉄信士俗名中嶋延蔵、文久元庚年に鉄翁良関信士俗名源四郎があった。墓石の九十九パーセントが信士なので職階は不明だが、同家ゆかりの上級労働者と考えられる。しかし山内《さんない》で働いた多くの人々（番子や小廻りといった）の墓は、川原から拾ってきた唯の丸石であり、そこには何百年も否それ以前から、鉄を作り続けた人達が、山内近傍の墓地に戒名どころか、何助何衛門といった生前の俗名すらも記されないままに、多数眠っている事実がある。

近年は大手鉄鋼メーカーの重役で製鉄史の権威とされた某氏に、鉄の文字を被せた院号つきの立派な戒名の例がある。著名な故人で鉄の文字を用いたものがあるかどうか。調べてみると数は少ないが次のようなもののあることが判明した。

鉄巌道堅居士……文禄年間にルソン島に渡航して交易により大富豪になり、後に豊臣秀吉に憎まれて一家離散の憂き目にあい、本人はカンボジアに永住した人。納屋助左衛門というよりもルソン助左衛門の名で知られている人だが、墓は外国ではなく堺市にある。

梵心院道岳鉄翁居士……坂本流砲術の師範で幕末に活躍した坂本孫之進源俊の戒名である。天保十一年没。大砲を象った墓が東京都新宿区弁天町の宗参寺にある。

全生庵殿鉄舟高歩大居士……勝海舟の使者として江戸城明渡しなどに奔走、維新後明治天皇の侍従を務めた、剣客としてよく知られた山岡鉄舟のものである。

大機山鉄崖崑崙居士……明治年間に大阪東京朝日新聞の主筆を務めた、巴里通信で健筆を振るった池辺三山のもの。西域・北山の鉄を知っていたのであろうか。気宇壮大であり、或いは文筆家の心情として人生最後の誇大表現かも知れない。

土入宗鉄大居士……徳川秀忠に近仕した石谷貞正のもので、土に帰って鉄の元になるは人生最後の悟りであろうか。

これらから推察して鉄の文字も少数ながら使われていたことが判る。しかしその意味するところからは、金属としての鉄のもつ価値や生産を表しているものは少なく、むしろ強靭不壊、牢乎盤石の意である。ちなみに昔は殿様かせいぜい家老でなければ院号などはつけなかった。院号を誰彼の区別無く使うようになったのは四～五十年前、第二次世界大戦後、それも高度経済成長期になってからのことである。

年代にもよるがこのように戒名に鉄の文字を使う例が少なかったのは、或いは平安仏教で説かれた地獄の鉄の認識に基づく、清少納言の著した『枕草子』の一節に見られる「世にも恐ろしきもの、鉄」への連想から出てきたものか。もっと具体的には南北朝時代の『太平記』が記している「結城入道地獄へ墜ちること」の項のような、聞くも恐ろしい製鉄工房のおどろおどろした、地獄の先入観が災いしていたのであろうか。

ちなみに著者自身の位階は、世俗的に偉くなれず侍の階級で言えば十～二十石程度なので、最低の信士か上座で沢山だと思っている。唯戒名だけは「銕信窮蔵」と創作して寺にお願いし付けるようにしておいた。現在戒名は住職の専管事項のように言うが、死んでからの名前くらいは自分で納得のいくようにしたいと考えている。これなら鉄の未来永劫を信じて古鉄を求め、調査のために乏しい有り金を残らず使い果たし、国内で足らずエーゲ海に中近東にさらに崑崙にとユーラシア大陸を飛び歩き廻った、そんな男の死後らしい名だと自負している。

第六章　山内の鑪と設備および藩政

山内の鑪と従業員

現在では各地に高速道路ができ、その面影は薄れてしまったが、山陰の幽谷にひっそりと佇んでいるような山内《さんない》の聚落、山内・地下《じげ》という言葉は蔑称になるというので現在は一般的には使われていないが、百年前までは竹矢来に囲まれ木々の間に、何とも粗末な人家が点在していた。時には鬼が住むかとも思われたような秘境、厳しい生活で桃源郷と言うには余りにも程遠い。そこが蜒々と何百年にも渡って鉄を造り続けた、鑪師、鑪者、鑪衆と呼ばれた人達の住居群であった。一戸建は操業責任者である村下のみで、山配がほぼ同じ扱いであった。これは後世になってからであろうが、技術中心と採算中心の所轄評価の違いであろう。大雑把に山陰と山陽方面では異なっており、山内の生活水準は村方より数段低かったと言われているが、建前と本音の違いもあり、郷土自慢もあれば卑下もあり、地域性もあるので判然としない。ユートピアのように表現している文章すらある。

一般の労働者は棟割長屋であり、番子小廻りは多分追い込みであったろう。里方に住む鉄師のところから手代が元小屋に派遣され、労務出荷などの管理業務を行っていた。山内に住む従業員の組織は次の通りであり、山令規則のほか流儀盗みや信仰関係も煩かった。

鑪場手代─村下《むらげ》［表村下］─炭坂《すみさか》［裏村下］─炭焚《すみたき》─内番子《うちばんこ》（天秤鞴）
外番子《そとばんこ》（雑役）
宇成《うなり》（炊事婦）

砂鉄　鉄穴師《かんなし》─穴夫《あなふ》・流夫・洗子《あらいご》・内洗《うちあらい》

炭焼　山配《さんぱい》─山子頭《やまこがしら》─山子《やまこ》

鋼造場　鉄打頭取─鉄打《てつうち》（鋼造職人）

大鍛冶場　本場─大工─手子《てご》─吹差《ふきさし》─下廻《したまわり》

左下場─左下《さげ》─手子─吹差─下廻

＊鑪には鍛冶場が普通二軒程度伴っていた。

（編集部注：ふりがなは編集部による）

山内は家族含めて二百人を越えており、食料品の振り売り（行商人）や運搬のための牛馬人足（馬は曳くもの、牛は追うもの）、それに農閑期の出稼人など、こんな辺境の場所でも時期によって人の出入りは多かった。なお鑪場では鉄が三夜湧かざれば村下を改易すべしとの不文律があり、村下になっても責任重大であり、気を許すことはできなかったようである。この村下を東北地方では工《たくみ》と称していた。

なお直接鑪の経営に響いてくるのは鋼造職人の分類判断で、鉧塊の破面を見て、それが大鎚、小鎚、玄翁などで砕かれ、混じり合った状態のものをどう分類していくか、その手法は慣れだけで分けていたとしたら、熟練の成果とはいえ極端に困難で長年の経験を要したものと想像される。

突出していた鉄師群像

技術が進歩し、企業として製鉄に進出してきた鑪師は、松江藩では産業振興策もあって鉄師と呼び、他の地域では鉄山師または鉄山請負人と呼んでいた。これらの家は長期間に台頭、没落があったが、主なものは次の通りである。もちろん、山陽側にも多数ある。

出雲松平藩　田部、桜井、絲原、田儀桜井、卜蔵《ぼくら》、杜《ゆずりは》など帰農した家を除く
松平支藩　家島、木下、秦
石見藩　藤間、三宅、石田、横田、原田
伯耆　近藤、段塚、緒方
安芸　加計、播磨、平瀬

これらの鑪師は厖大な山林を有する大富豪であり、往時収集した品々は今日では立派な博物館になっている。以上の巨大鑪師は武士階級出身の家と豪農や豪商の進出によって形成されたものがあり、塙団右衛門から出た桜井家や周藤家家臣の田部家、山中鹿之助の子孫は絲原家、加計家は佐々木家家臣の出自と言われ、豪商や豪農出からは近藤家や段塚家があった。

山間に巨大な製鉄工房

深山の平坦な一角に忽然として見えてくる巨大な建造物、付近の掘立小屋からすこし離れ群を抜いた施設、これが

昔の製鉄工場〝高殿〟であり、この周辺が山内と呼ばれる製鉄に従事した人々の聚落である。区画は四～五百坪以上もあり、主のように聳え立つ高殿は二十メートル角程度で棟の高さは九メートル、柱の骨組みは立派だが周囲は比較的粗末なものもある。四角形の角打鑪と隅丸方形の丸打鑪があり、雪の深い所と浅い所とによって異なる。地域によっては長方形のものもあった。銅場や燃料倉庫なども附設され、傍には金屋子神ゆかりの桂の巨木や、完成した鉧を冷却する金池などがあった。復元されたものは昔のものより木工機器の進歩で立派に造られている。

鑪のことを東北地方では烔屋《どうや》と呼んでいた。

この巨大建屋の中心に粘土製の炉が築かれて操業されるが、この部分は村下の総指揮によって施工された。その炉体は底部で縦三メートル、妻手側は一・二メートル、中央がやや張り出し、炉高は同程度で、前後を切った船状の箱形である。左右の長手下部に（元釜部分）には次に述べる天秤吹子の風を、風分庫経由で炉内に送り込む。「木呂」を取り付ける羽口孔（保土孔）が開けられている。妻手の下部には中央と左右の下辺に鉄滓や溶銑を取り出す湯地口がついている。しかし困難な施工工事はこの炉体の下にあって、目に見えない地下や周囲の部分の工事が大変であり、五メートル角に深さ四メートル強も掘り下げ、そこに半分位まで坊主石や切石、砂利、粘土、鉄滓などを詰め込み、ここで湿気を抜き熱の放散を防ぐと同時に土台を固めるが、地盤が悪いと竹や木管を埋めて念を入れる。その上に大船を中心に左右に小船を切石や粘土で造る。これは強いて言えば上に接する炉底の下に、ちょうど前後を切った船（ボート）を二隻伏せた形に並べてしつらえる。船形の端に設けた焚口からは大量の薪木を燃し続け、周辺の土砂をカラカラに乾燥させてしまうわけである。床焼とも言われる作業である。

これまでの説明では最も簡単な例で、複雑なものになると大船・小船の下に下小船、横に袖小船をつけたりもする。こうして地表面の高さの所まで粘土を塗り上げて、搗き固める作業を繰り返す。そして炉底造りとなるが、これは松材を燃して叩き締めていく。その上で初めて炉底の基準になる筋金が置かれ、耐火性と溶融性を兼ねもつ粘土を、赤煉瓦四個分程度に固めたもので積み上げて大きな箱状に炉体を造っていく。

【補註】
石見では鑪の建屋は長方形・瓦葺などとあり、後世のものであろうが差異が目立つ。

天国ではない山内の生活

山陰地方の現地調査に廻って、よく鉄山従業員、つまり当時でも住んでいた元山内の老人達から、鉄山での生活は非常に恵まれたもので、地下（農村）の人が稗や粟を食べていたときにも、ここでは三度の食事に米を食べて、本当に豊な生活をしていたという話を耳にした。

鉄で栄えた○○千軒と一口に言うが、それは鉄（山）師や取扱の裕福な商人達、出船入船で日銭を稼ぐ船持連中を相手にする酒屋や花街での話。鉄価暴騰期でもない限り寂れた深山に近い地で、鑪手代を通じて支給される何がしかの米や麦があったにしても、山内の小屋廻りにある猫額大の造成した段々畑で何程のものを作ることができたであろうか。往時の面影を幾分かは残している、杉材のバタ板を手造りの和釘で打ち付けた壁無しの番子長屋などを四十数年前まで廻って歩いた筆者には、当時でも鉄師を旦那様と呼ぶ、山内などでの人々の口から語られる過褒の言葉が理解できなかった。平成の時代になったからこそ書けることである。

現代とは比較にならない経済や生活水準であったから、山内に縋らなければ生きていけない状況にあった。そのために従属した鉄（山）師への恩顧の念から強調された表現を使うのはよいにしても、現代の超熟練工優遇のようなことがあったとは思われないのである。この点筆者にはどうしてもこの表現は真実だとは思えない。鑪製鉄も儲けるた

菅谷山内住居街（幾分往古の面影を残す）

めの企業であり慈善事業ではない。小物成としての代官や手代の搾取も考えなければならない。まして雲伯地方の今日残る豪壮な邸宅や驕奢な遺品を見るにつけ、通常の地主と小作人の間柄よりも、実際はもっとひどい格差があったような気がした。

筆者は昭和四十年頃東北地方のある村で、生活苦から百姓一揆を起こしたことのある烱屋集落を訪ね、「東京では食べられない物を食べて頂きましょう」と、村長氏から稗・米半分ずつのボソボソした飯を出されて食べた経験がある。これでもお客さんだから特別に米を多く混ぜたんですよと言われた。往時はもっとひどい食事をしていたのであろう、番子や家族達の貧しい姿が髣髴として頭に浮かんできた。奇麗事の話ではなくこれが真相かも知れない。余程過酷な生計を強いられたのであろう。嘉永六年陸奥閉伊郡の農民は窮乏から一揆逃散をした。

かつて和鋼記念館の館長をしておられた故住田正男氏の話を聞いたことがあるが、何に基づいたものか、恐らく昭和初期の聞取りであろうが、鑪労働者の給米は月一斗程度とのことで、これでは一家四~五人として副食の少ない時代、雑穀や根菜類を七割は混ぜたものがやっとの程度である。米麦半々ならまだしも米は二割以下、麦も三割を越えた程度という。稗・粟は相当多量に混じっていたはずである。物日（祭日）だけの食物を常時もそのようであったと想像するのは誤りで、それは職人が家計を無視してやる一種の風習である。

なおこの山内という処は明治に入っても地番が無く、当時の戸籍には定籍とだけ記されていた。結婚は交通の開けるにつれて他地域の人ともできるようになったが、それでも往時は山内に住んだもの同志、あるいは隣接山内の人の場合が多かった。これが本当の山内の生活であろう。

【補註】
古代製鉄の関係でもいろいろ土俗的な禁忌があった。とくに血に対する忌が非常に強く、月経と分娩の女はきびしいタブーが要求されていた。アフリカのバンドウ部族では、製鉄に従事する工人達にもこの忌が課せられ、この場合は妻の経血より出産の血を、より穢れたものとして畏怖し、厳しく対処していた。これに比較して死は軽く扱っており、忌の程度が軽かった。雲伯地方などに伝わる黒不浄・赤不浄の概念と全く同一なのは地球の反対側なのに注目される。

天秤吹子と技術の合理化

鑪吹きで使用されている天秤吹子には、泥天秤と櫓天秤の二つの形式のものがある。これは主に下側部分の炉体に対応する構造の違いで、粘土塗りか木製構造かの相違である。細部の詳細は俵国一先生の『古来の砂鉄製錬法』に解説されているが、泥天秤は豊後の小鳥原《しとどばら》鑪、櫓天秤は石見の価谷《あただに》鑪において使われたものの計測例をあげている。

前掲書では天明年間、美作、伯耆では天秤吹子を、出雲、石見では吹差吹子を、そして奥州の烱屋では専ら踏吹子が使われたと記している。それが百年近い間に労働力、経済性などの点から水流の便の良いところでは水車駆動となり、さらに天秤吹子の利便性が認識されて少数でも採用されていったものと思われる。

天秤吹子の場合は簡単に言えば踏吹子のときの嶋板と称する大型の木製踏板を中央で二つに切断したものであり、

支点が左右両端に片寄っていた。これを炉を挟んで両脇に一基ずつ二基設け、間歇送風で風力風圧を上げたことで、労働人員の大幅な節約をもたらすことができた。しかしそれでも、番子の労働は極めて過酷なものであって、天秤吹子を使用してもその軽減は十分なものではなかった。当時新鋭の製鉄設備であった洋式高炉の送風からヒントを得たものであろうが、水の圧力を利用して炉内に風を送り込むトロンプ、横押しのピストン式送風装置などが考案され、更に縦型のものも案出されて、一部で使用された。風分庫から風を分配して木呂で炉中へ送り込むことは同じであるが、天秤吹子が不用となり、しかも鑪製鉄に適合した間歇式の送風が可能となったことで、番子の送風労働は大幅に軽減された。

なお鑪炉内の燃焼状態は、近代の高炉による製鉄設備とは異なり、モーターがない時代なので送風は連続式ではなく、吸った吐いたの間歇式の繰り返しである。これが結果的には炉内還元の場合は良かった。

砂鉄が炉中を降下する状況は幕末に入って銑押と鉧押で相違はあるが、砂鉄粒が燃焼木炭と接触しつつ遅いスピードで降下し、デリケートな変質を示していく。従って砂鉄と木炭の装入はその初期と末期で大きく変わっており、初期は木炭が多くしだいに溶解し易い砂鉄の装入から始まるが、徐々に還元し難いものが中心となる。下り期にはその量を若干少なくして、比率も木炭の量を若干増やす程度にする。

操業最後の炉中に藁を投入して燃やすこと、言うなれば仕上げ還元とでも言うか、下りの最後の加熱をするが、これは水分を含んでいる生枝などでは駄目で、炉内温度が下がってしまい効果が無い。昔からの伝承で藁を用いないと炉況を悪くし、実効は得られないようである。

和鉄の製錬が需要の増大に伴って量産を指向し、変貌するのは十七世紀中葉からである。この頃から徐々に一代四昼夜の操業を三昼夜に短縮したもので、操業初期に赤目砂鉄の配合をするので、出銑は増やせたが若干鋼・鉧が減少した。しかし作業一回の短縮は人件費削減とともに割鉄の量産をもたらし、かえって収益は増大した。

【補註】

（一）雲南市吉田町にある菅谷高殿の中に一歩足を踏み入れると、四百平方メートルもある巨大な室内は、薄暗く冷え冷えとしており、天井は九メートル近い高さで、あたかも労働者の慟哭の声が微かに聞こえてくるようである。昔と違うのは中央の炉体の左右に置かれていた筈の、周知の天秤吹子が既に消え去っている。更にその場所には風分庫だけが残されており、前記のピストン送風で、明治初期になっての合理化の跡が偲ばれる。

吹子の内張りに獣皮を使うのは、素朴な北方系の技術が端緒と思われるが、日本では大型化し、改良に次ぐ改良がなされ、嶋板や風函の気密性を保持し、風量風圧を上げていった。

（二）仙台藩の南蛮渡来という佐藤十郎左衛門の製鉄技法は帰国当時の禁教により、その後長期間秘匿されたためその実態は不明である。現在の宮城県本吉町に居住したというが、十郎左衛門はローマ市のバチカン文書では支倉常長の随員として「シモン・サトー・クラノジョー」「ジョアン・サトー・タロザイモン」の名があるのみという。

しかし「荒鉄吹方伝来記」によれば、帰国後四百余年隔ててからのものだが、東山折壁村の烔で寛文七年に一夜で四百八十二貫を吹いたとある。宗門改めを強化し、寺院や神社に対する法度を制定した直後であり、（いくら袖の下を使ったにしても）こんな本格的操業ができたのかと思われる。

天秤吹子と数々の製品

踏吹子や横差吹子では風力が弱く能率の上がらないところから、享保年間、飢饉のため一揆が続発し産業振興が要請された頃であるが、ちょうどその前後に鑪操業の技術革新とも言うべき天秤吹子が普及し始めた。形式的には櫓天秤と土（泥）天秤があり、規模も四人がけと二人がけのものがあった。こうした天秤吹子の毛皮を用いた内張には、狸の皮がよく用いられていた。かつては高殿周辺に生息していて捕獲し易かったのと、交尾期の啼き声が吹子の音に似ているので、鉄が良く沸くと言われ好んで使われていたと伝えられている。これによって操業は著しく能率化し、大型の鉧《けら》塊（約三メートル×一メートル、厚さ二十五～三十センチ）ができるようになった。

製品化するには、鉧押《けらおし》では水車を使って銅《どう》と呼ぶ落下錘を巻き上げて落とし、三トンもの大塊を割り、さらに割られたものは小箸や大鎚小鎚で細かく割られていた。その上で等数が選別され、頃鋼《ころはがね》とか砂味《じゃみ》、歩鉧《ぶけら》、鉧細《けらこま》、造粉《つくりこ》などに分類されたが、玉鋼の俗称が後に軍工廠を始め刃物業者から定評を得て広く好まれた。

また鑪炉では銑鉄が流出固化する場合と、鉧が形成される場合があるが、これには空中放冷・自然冷却の火鋼・千草鋼と、水中冷却の水鋼・出羽鋼があった。

同様な鑪設備で銑鉄を専門に造る銑押《づくおし》もあるが、この製品は鋳物業者に向けられるのが本筋である。この炉から流出した銑鉄は蜂目銑《はちめせん》で、湯口から流れ出るので流れ銑とも言われている。なお前記鉧押でも作業期によって勿論銑ができるが、これは流れ銑と鉧の裏側に形成される裏銑で、破面の状態から氷目銑《こおりめせん》と呼ばれた。冶金学的にはいずれも白銑《はくせん》（黒鉛が析出せずにセメンタイトが析出、固いが脆い）である。

これらの銑は大鍛冶場で鍛錬し、不純物や炭素を除いて庖丁鉄にする。この大鍛冶場には左下場と本場があり、左下場は銑から故鉄も混ぜての作業であるが、本場では鉧片や左下鉄から庖丁鉄を専門に造っていた。

庖丁鉄は幅約十センチ、長さ約一メートルで厚さ約一センチ程度の短冊状に鍛造した、いわば半製品で、買ってくれる鍛冶屋が扱う品種によって、使い易いように幅や厚み成分に配慮が加えられており、さらに鏨地《たがねじ》、鑿地《のみじ》、鉋地《かんなじ》など、使い易いように割り溝が付けられていた、そのために割り鉄の呼称もあった。

庖丁鉄

江戸中期後半の鋼造りと呼ばれた鉄山労働者は、肉眼のみで鉧や銑塊を細かく分類していたという。今日のような顕微鏡を使っての金相学的な研究や、初歩的でも化学分析など夢にも考えられなかった時代であるから、当然経験の蓄積に頼るほかは方法が無かったであろう。破砕された塊によって、尺貫法で一個の直径が一寸とか二寸三寸といった分類はできるにしても、その材質的な判断は難しかったはずである。当時は破断面の組織をフェライトとか、マルテンサイト、ソルバイト、などと分けることは到底不可能であった。これらは近代になってからの外来技術であり、山内の熟練した人達にとっても識別できるはずはない。

担当した鋼造大工《はがねづくりだいく》の技法はどうだったのであろうか。高殿の近くで一際屋根の一部が突出しているのが大銅場である。ここでは一トン近い大銅（大鉄鏨）を巻き上げて鉧の上に落下させ、その大塊を荒割りし更に細かくして、品質とサイズにより頃鋼、歩鉧、鉧細、砂味等々、市場の要望に応え分別・等級分けをしていた。この点はおそらく経験によって破断面の肌合い、つまり色艶のような色調などを見ると同時に、本人が工人らしく顔面皮膚を引っかいて、その感覚から決めたものらしく、この場合鋭敏な頬部あたりで試みられたものであろう。無精髭に当たる破面の感触は最も精緻な天然のテスターだったかもしれない。

鑪の立地選定はその地域によって異なる。必ずしも平坦地とは限らない。山地もあれば傾斜面もある。一応平地状に造成されている。乾燥地ばかりでなく湿気の多い所もある。従ってその条件によっては鉄の歴史の本によく出てく

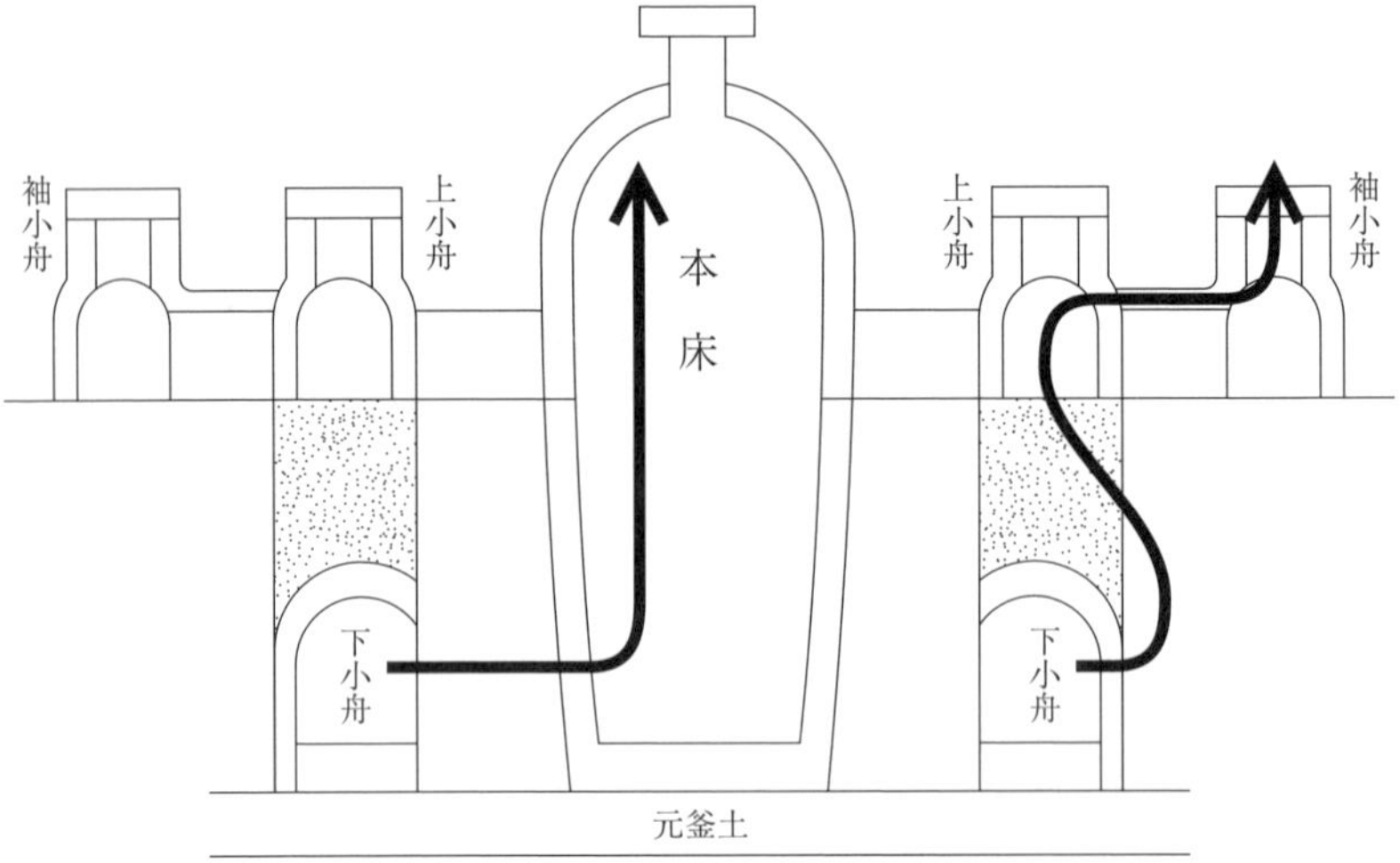

鑪のやや複雑な地下構造

る地下構造も、これがスタンダードというものではなくケース・バイ・ケースである。

発掘された状態も同様に同じ鑪の地下構造でありながら、地下の掘り下げ部分が相当違っており、鳥取県北部の鑪で農道造成で土地を傾斜に切ったために、奇妙な所から排水管とおぼしい百年は遡ったような、かなり太い円管型の粗雑な土管状構造物が首を出していたのを見たことがある。従って土地の条件が悪いと、地下構造も結構複雑にならざるを得ない。

要は付近の湿度状態、水脈の存否に注意し、それに蓄熱を助長し放熱を防止することが目的である。一例をあげると前頁の図のような複雑なものがある。基本的な解説図に描かれたものや、発掘現場の写真などと対比して考えて頂きたい。

【補註】

島根県簸川郡佐用町にあった朝日鑪の遺構は、放射性炭素の測定や地磁気の調査結果が、遺構の部位によって下層の焼土や、上床釣部・下床釣部で各々異なっており、一五六〇年～一八二〇年だが、場所により一五八〇年とか一四五〇年などと算出される矛盾がある。高殿形式や小舟の違い、さらに併出陶磁器からは十九世紀中頃と算出され、科学的調査の困難さを物語っている。

炉底を鉧塊と誤認

開発工事などの関係で畑や山中で発掘された鉧塊と称するものには、寸法も十メートルを越す大きなものがある。その過半は黒々としているが鉧塊ではなく、野鑪から天秤鑪への過渡期の頃の、立地条件の良い所では何度も操業を重ねていて、或いは隣接して操業が継続され、そのために焼結してできた大きな炉底の固まりである。したがって肥大しすぎた鉧を処理に困って山野に放置した、というようなものではない。

この点について大原真守の遠孫にあたる横瀬助七郎の享和二年（一八〇二）の記録が「伯耆の日野鉄山の古跡には、各所に牛の背のような鉄塊が埋没している」と記したため、この鉄塊の表現が誤解を招いたようである。水心子正秀の『剣工秘伝志』には「鉄銑ばかり流し取りたりと言えり、ゆえに自然釜底に流れ残りて、人力も及び難き大いなる鉄となりて、今にいたるまで、鉄山古跡鑪跡の地中に、牛の背のような塊あり」と書かれている。確かにこのような銹鉄と粘土や砂礫の固まったようなものは、日野郡のみならず古来からの鉄産地の山中などにあり、金屋子神社の参道の傍などに、農地や道路の整地で出土したものが大小多数奉献されたような形で並んでいる。これを仔細に見ると、鉧の塊とは言い難いものが多く、外観が赤鉄鉱や灰砂のような、やや脆い感じである。磁石の吸い付きは悪いが確かに幾分の反応を示している。このような部分は長年にわたる野鑪の炉底であり、取り上げ

梅ヶ谷尻たたら跡　一号炉床断面
（島根県簸川郡佐田町大字吉野）

金屋子神社鳥居脇（上）・野たたらなどの炉床焼結塊（下）

られなかった鉧屑片とか、溶鉄が、炉底固めの弱かった部分に差し込んでしまったもので、それらが年月の経過により銹化したものである。

十七世紀になって鑪が進歩し、大型の鉧塊が造れるようになった段階のものは、炉底も技術伝承に教わって決められているので、ほぼそのような寸法（面積で一メートル×三メートル程度）に集束されているはずで、そうしたものも遺物の中に若干は認められている。しかしもしこれらが鉧塊なら、奉納したものは別として、山内の桂の根方などに半ば埋もれたような形で残留したものとすると、鉄の相場が跳ね上がったようなときに、大鋼の発明された宝暦元年～明和元年（一七五一～六四）以降なら神秘の鉄造りとはいえ、そこは商売であるから、当然破砕し良いところ取りで活用されたはずである。

独でも鑪方式に注目か？

ここに一枚の珍しい図版がある。ドイツ・ベルリンの、鑪炉と実に良く似た形式のものである。ラシェット式溶鉱炉と呼ばれ一八六二年に描かれたものである。当時わが国では坂下門外の変や生麦事件が起こり、物情騒然としてい

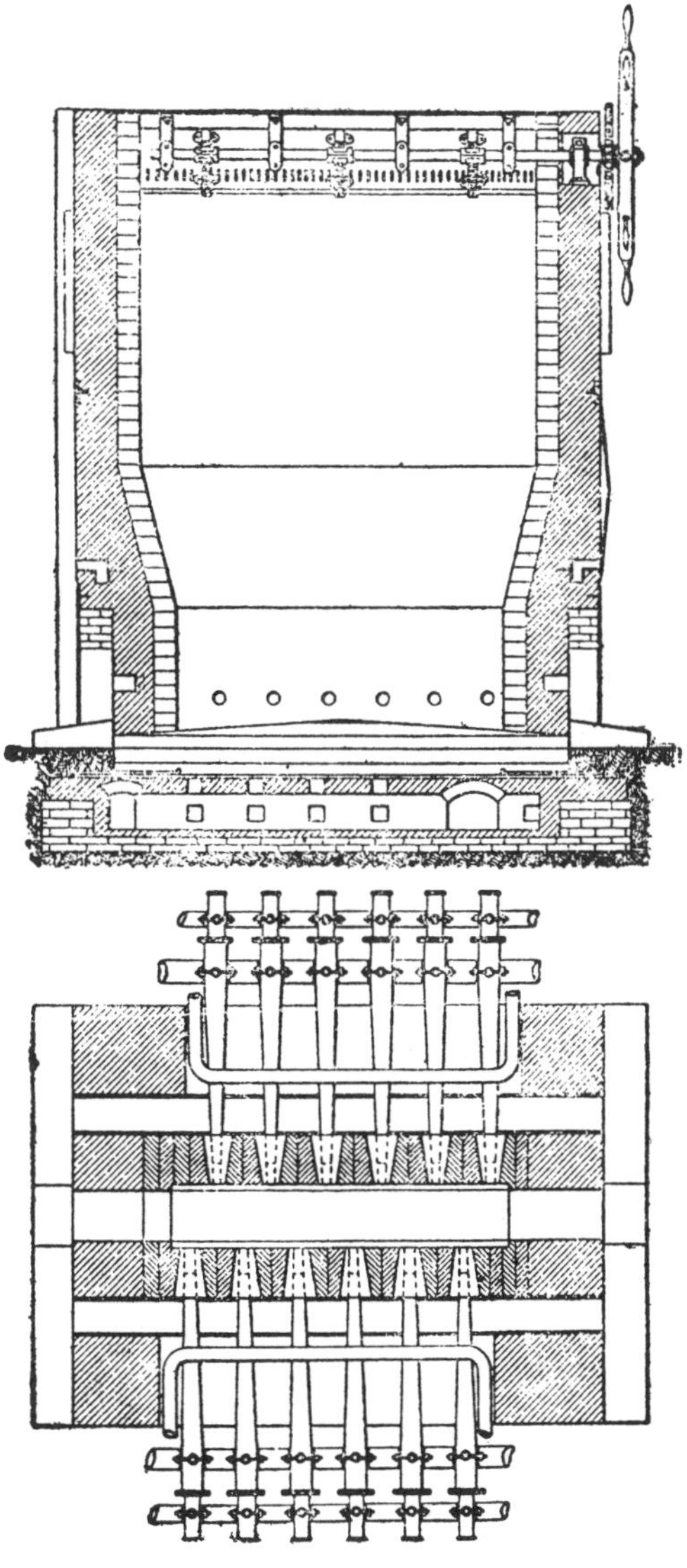

ラシェット式溶鉱炉

1862年、生麦事件のあった頃にドイツのC.Schulzにより執筆され、68年にベルリンで出版された。このラシェット式溶鉱炉は送風は羽口6本宛、左右12本で、やや近代化しているものの余りにも日本の炉の配置と良く似ている。

た時代である。イギリス、ロシア、オランダそれにアメリカなどが早くから通商交易を求めて来航しており、鉄の分野でも一八五〇年には『西洋鐵熕鋳造編』などが翻訳されていた。

C.Schulz の著「Dokumente betr. den Hochofen」所収の図で、炉体は横位置は全く鑪と同じで上部がやや広がり、左右合計十二本の吹子羽口が取付けられている。原著を入手していないので詳細は分からないが、革吹子を用い水力で送風したものであろう。彼我の情報は乏しいなりに結構知られていた時代であり、わが国で反射炉の技術が導入されていた時代に、こうした日本古来の製鉄技術がドイツへ知らされていたことは、偶然というよりも積極的に珍しい技術として取得されたものであろう。

鑪製鉄の進歩と終焉

千葉県市原市押沼第１号遺跡出土の大径羽口（風導管か）

いずれにしても時代を遡ると、不完全な小型の炉を使用して製鉄をしていたものである。木炭も後世に鍛冶炉用として使用されていた、大師窯と呼ばれた伏焼法のものと推定され、それが逐次改良されて築窯製炭となり、製鉄技術の進展に伴って焼成の段階程度や、還元用、鍛冶用などと細かい配慮がされ、樹種も楢・椚・櫟・松・栗など用途に応じた、適性のものが永年の経験で選択されたのであろう。

吹子は北方系の渡来工人による皮袋を使ったものが絵

図などで知られているが、中国新疆ウイグル自治区などでは羊革のものが多く、弁の取付もなく風量風圧とも製錬に使用するには羽口先が狭過ぎ、風が局部的で若干弱きに失するものと思われる。わが国では羊がいないので、革は牛馬などが用いられていたと推測されている。後に海外のものを見たところ手風琴状になり、木製の板の部分に弁が取付けられていた。なお羽口は直径四～五センチ程度の小径のもので、径については大小あるが、比較的前後に差異のない筒管状のものと、風圧を高めるためか裁頭円錐状にしたものも少なくなかった。また一方、羽口としては余りに寸法が大径のため、発掘されて風導管と称されていたものもあるが、写真の巨大なものは千葉県押沼第一号遺跡出土の竪型炉の吹込み送風羽口と推定されたものである。

なお嶋板を上下動する方式の木製の踏吹子は、遺存している鋳物師のものより大分小さなものであった。それはやがてピストンを用いて押し引きする箱吹子の形式に変わり、製鉄用や鍛冶用によって炉、乃至は火窪用などの向き不向きに随って大小が生じている。

天秤吹子を用いた場合になると、一般的に見られる図のような構造になり、木呂は竹を加工した入手のし易いものが多く、羽口は鍛鉄製であるが、その直径は概して小径であり、中には木呂竹の先に粘土で造り硬く焼結したものもあった。

砂鉄置場については鉄穴流しの終了後に、さらに清め洗いをしたものを高殿内の砂町（置場名）に貯蔵していたが、野鑪時代は装入の至便性から遺跡で見ると炉の脇に山積みされていた。

こうして鑪場では銑・鉧の増産が計られ、始末に困った大型の鉧を粉砕する鋼の設備が発明され、続いて工人の技能とそれによる設備改善によって、不規則な製錬は工程の順序だった四日押しとなり、さらに十九世紀初頭から試行錯誤が繰り返された結果、半ばにはその方式は三日押しとなって確立された。さらに明治二十六年に、広島県の東條町付近で門平《かどひら》作業所が高さ一丈の角炉を造り、その炉形は角・丸に分かれて鉄滓吹と砂鉄吹があったが、鳥上木炭製鉄など多くの工場で採用された。そうした改良型の炉に、丸炉角炉とも形式はともあれ、鑪の炉高を高くしたものが考案され、インドなど海外の炉様式を直接間接踏襲しているようである。そしてトロンプ送風や差吹子を水車駆動によって送風し、煙突からの排熱を利用した熱風方式に変わる。つまり超小規模の高炉へと移行する前兆の形式となった。しかし鉄滓の利用は効率が悪く、砂鉄を原料としていた。

しかし釜石や八幡の本格操業が始まり、さらに安価な洋鉄が大量に流入したため、遂に長い和鉄生産の歴史は伝統のみを残して終焉を迎えた。

こうした鑪の遺跡を廻っても残存している鉄滓は割と少ない。これは戦時中軍部の要請で回収され、多々羅鉄鉱と称して製鉄工場に送られたからである。勤労動員までして集めたが量の確保に走り、製錬滓と鍛冶滓の区分ができなかったため、搬送されたのは発生量が多く含有鉄分が少ない鍛冶滓が多かった。そのために緊急の鉄鋼増産には役立たなかった。

【補註】

（一）筆者が小学生の頃は週に一時間くらい唱歌の時間があった。その頃はまだ軍国調の歌詞は少なかった。その歌の一つに何年生のときだったか、「村の鍛冶屋」というのを教わった。大抵の場合は女性の専科の先生が、着物に袴でオルガンをひき、それに合わせて組《クラス》の子供が歌っていた。その歌詞はもう空覚えだが「しばしも止まずに槌打つ響き、飛び散る火の花、走る湯玉、吹子の風さえ息をも継がず……」であった。

学校の帰りにそれと同じことをやっている鍛冶屋の前を、数人の同級生たちと通った。薄暗い、工房などとは到底いえない貧しげな家、白髪まじりの親方とまだ十六〜七才の徒弟が仕事をしていたのを、今でもはっきりと思い出す。大鎚が振り下ろされるたびに火花が飛ぶ、少々の火傷などは意に介さなかったようだ。親方は汗も拭かずに間断なく、吹子のピストンを押し引きし、小鎚で加工物の周縁をたくみに徒弟と共同で打っていた。打ち上がった鎌などを親方が傍らの水槽の中に入れると、瞬間にジュッという水の煮えたぎる音がして、それと同時にバシッと湯となった水の弾ける音がした。これを湯玉と呼んでいた。

もっと分りやすく表現すれば、百六十〜百七十度に加熱した鉄板の上に水を垂らすとよい、たちまち水玉ができて飛び跳ね、板上を走り廻り、瞬時に蒸発する。

時は移り、最近では「銑鉄の溶けた玉状のもの」だと言う説も現れているが本当だろうか。銑鉄が溶解したのを「湯」と呼ぶのは湯玉とは全く別のもののはずである。

（二）発掘で出土した銹鉄片を科学的に調査する場合は、酸化第一鉄（黒色の銹の部分）、を選択することが必要で、それは酸化第二鉄の部分では数百とか数千年といった経年の変化が大きく、そのため接触していた土壌、水、湿気などの影響を大きく受けて変質しているからである。

従って鉄銹片を科学的に調査したデータを読む場合は、試料として鉄銹片の出土状況や一緒に出土した副葬品などから副次的含有物として考慮すると次のようなことが言える。

①珪酸は付着した砂、含浸していた水分などから増えている可能性がある。また化学分析では製品製造時の巻き込みなど、加工過程でSi、Ca、Al、Cなどが実際以上に混入しているかのように、データ上で検出される場合もあり得る。

②炭素分は空気の中や水に含まれていた二酸化炭素（炭酸ガス）の影響を受けて増えることがある。古墳の木炭郭の粉炭、草木の根毛などから実際よりも増えて検出されることもある。

③酸化アルミニウムは水分、特に水垢の影響で増えることがある。

④酸化チタンは接触していた土砂にチタン分が多いと増える可能性がある。

⑤カルシウム、マンガン、銅の成分は余り変化しない。ただし硬水でカルシウムが多量に含まれているような場合や、古墳などで錆びた青銅鏡などに接していた箇所或いは付近に埋納されていた場合などは例外である。
⑥可溶性の元素は長年の間に水分で溶解流失することも考えられる。しかし燐の場合などは人骨から出たものが燐酸鉄になって浸透していることも考えられる。

なお、銅分が検出されているものには、金属鉄が微量ではあるが残っていることがある。また組織でパーライトの中のセメンタイトが網目状に残っていることもあり、この場合は結晶粒度が分かり、不完全ながらも炭素量の類推ができる。

さらに言い得て困難なのは当該出土品の試料の偶然性からくる問題もある。

製鉄用木炭

鑪用炭は半焼け混じりの工業用炭に近い質であり、蒲焼用備長炭とは全く違う。一回の操業に使う量が約三～四トンと大量の消費なので、そのために大山林地主でなければ鑪の操業は不可能なわけである。山人とか金屋とか呼ばれた集団が行った定着初期の樹林の奪い合いは、野鑪程度なのでまだ問題が小さかったであろうが、こうした必要に迫られて発生したものである。

注意したいのは古来から鑪炭の適材として使われている樹種であるが、その呼称が地域によって異なっており、楢と、小楢、水楢の違いならともかく、水楢を槙と呼ぶ島根県大東町の他にも、鳥取、広島、岡山でも水槙と呼んでいる。また一方この槙は広島・備後南部では椽を指しており、小楢のことを「掞《ははそ》」と書いてハーソと呼んでいる例もある。

二十五年～三十五年をサイクルとする山内の居所回帰は、近傍に日向山《ひなたやま》で楢系の樹林が群生しているところが適地であるが、それをうまく利用するためには、常に適宜の下刈や落葉掻き（葉は竈の焚きつけに、小枝などは小炭にも、囲炉裏の燃料にも用いられた）などの手入れをする必要があった。

燃料の木炭も松、槙、榧《かや》が良いとされているが、炉跡を見たところでは槙、椨、小椨が良いようで、椚も使われていた。松は火力が強いが燃焼が一過性となり操業の初期に、炉況を整える「籠もり期」などには都合が良いが、火持ちがやや悪いので短時間に量を余計使うことになる。いずれにしても鑪では還元焔なので工業炭に近い半焼け程度のものが良かった。榧の利用は余り聞かない。

鑪に使う製錬用の炭（木炭）は、木山も三十五年から若くても二十五年以上は経過したものを使うが、砂鉄と異なり生木にしても炭にしても嵩張るので植林や伐採の準備をはじめ、製炭さらに事後の輸送が厖大な仕事量となり大変であった。これに比べると大鍛冶屋が使う炭は小炭と言って、酸化炎のもので足り大炭を焼くときに発生した小枝でも雑木でもよく、焼成もそれほど難しいものではなかった（この点の表現は若干村下側の優越感もあろう）。

いずれにしても消費量が多いので、この木炭山確保のためには、鉄山関係者の勢力争いがかつては生じ、闘争のようなこともしばしばであった。なお、刀鍛冶用の小炭は注文が煩く、樫の立ち枯れを焼いたものがよいなどと言われた。栗も近年多く使われ、鉄道枕木の端材や廃材などが喜ばれた。硬木で樹皮が付いていないからであろう。

木炭は莫大な量を使うためであろうが、各地に炭焼長者の伝説がある。実際に鉄師（鉄山師）は昔から広大な鉄穴山や木山の所有者が多かった。しかしいくら鉄穴を保有していても粉鉄長者というような表現は聞いたことがない。

木炭燃料の特徴

木炭の燃焼ガスには還元ガスの一酸化炭素が多く含まれている。ガスの火ではその量が非常に少なく、電気の熱では全く含まれていないと言ってよい。鑪製鉄用として半焼の工業用炭相当のものを使ったのはこの木炭の熱源が持つ顕著な長所（暖房用としては短所だが）を活用する目的で、その発生量を多くするよう工夫したためである。

木炭は概して不純物含有量が少ない。鉄に含有されて欠陥の一部になるのは、硫黄や燐、その他の一部微量の金属類であるが、木炭はこれらが非常に少ない特徴を持っている。

しかし立地条件による植生の前提に左右される樹種の問題もあり、また冶錬、鍛造、鋳造など用途による違いも生じてくる。槙・栗・松などに燐は少ないが、松の場合はよく燃えるので火持ちが短く、極端に言えば一過性の熱なので用途に向き不向きがある。木炭は硫黄がきわめて少なく平均して一万分の一〜二程度である。これに比べて石炭の場合はその約百倍にも達している。なお灰分は少ないとはいえ焼成木質に対して皮では五十倍もあり、特に若木の場合の含有量が多い。そのため皮付きの場合や若木を用材とすることはなるべく避けるように注意が払われたものである。卜蔵家の「若木にては鉄涌かず」と言う秘伝も良い鉄を造るためにこの点に留意したものであろう。

遊牧民の燃料は

羊の糞は牛より高熱が得られると聞いたが、チベット族の鍛冶屋はヤクの糞を用いていた。トルコ東部の農村では家の周りで牛糞を広げて乾かし、十分に乾燥させた上で小屋の周囲などに積上げ、家庭用燃料として備蓄していた。強い砂漠の温度はこうしたことには便利である。筆者が歩いていて気温五〇度程度を越えたことが二〜三回あった。春冬で夏ではない。

これらは本来吹子を使った鍛冶屋がよく利用していたものである。しかし鍛造用の鉄塊を加熱する工程には利用できるが、製錬用として鉄鉱石を灼熱・還元できるほどの火力ではない。

やはりかつては鉄生産の絶対量が少なかったため、地域を選んで砂漠地帯でも生育のよい松や唐檜《とうひ》等の樹木を探して使っていたものであろう。古代製鉄の行われていた地域には、この種の樹木が岩盤のようなところでも必ず群立している。根付きがよいからであろう。生活の知恵でマレーシアなどのゴムの枯れた樹なども用いられていた。

築炉と溶媒剤

炉壁粘土

炉体構築材料の粘土は何でもよさそうであるが、粘り気のある赤粘土と花崗岩の風化した、やや脆い土壌の混和したものが適当であると言われてきた。築炉工事中の粘性、操業中の耐火性を必要とし、操業中に溶けて若干が鉄酸化物と反応する被侵食性といった特徴も具備していることが求められた。これらが適当でないと製錬促進の効果どころか炉底が忽ち溶損してしまう結果となる（製鉄創始民族であるトルコのチャリブス族の文献ではこの点が難解に書かれているが、石灰岩或いは大理石を砕いての添加があったようである）。

他には東北で火打石の製作に用いたザンギと呼ぶ石を砕いたものが、宮城県黒川郡大和町宮床や岩手県東磐井郡室根村矢越などでも産出し、砕末が烱屋の築炉に配合使用されていた。いずれも生成鉄滓による炉況の継続維持が目的である。また石灰は明治初年に鳥取県日野郡の近藤家で、永代鑪の底に敷き詰め脱燐させて低燐銑を造る、新しい時代の需要に応える技法として採用されていた。

溶媒剤

溶媒剤は鑪では炉壁から作業の進行中に生じた溶融物のみでこと足りるとされていたが、これは長年の工人たちの建前であり、実際は異なっていた。創業初期の鉄滓の溶製とそれに伴う炉底の蓄熱などのため、村下の腕で鉄穴流しの廃砂や、まれに東北地方などで石灰石、または貝殻などの砕末も装入していた例もある。田部家の『巴里万国博出展報告書』では添加する砂の量が書かれており、さらに出雲で村下から聞いた話では、山内の長屋で食べた蜆の貝殻を、雨に打たせた後砕末にして投入するようなこともあった。

『金屋子縁起抄』には石見の夜須郡の所山では牡蛎の貝殻のついた石を、同じく太田村の焼詰小鉄山では鮑螺の殻の付いた鉄滓の存在を、すでにこの当時見て記載している。富山県滑川市東金屋の鑪技術導入の古文書（略称「千秋次郎吉上申書」）では、チタンが多いので鉄滓の流動性を良くするため「合い薬」と称して、ヒナシと言う伯州、石州北部産の砂らしいもの（土交じりで安価という）を遠路はるばる船で運びこませて装入していた。

【補註】

操業をしているうちに灼熱により砂鉄は銑となり、鉧となっていく。この頃は炉壁の下部乃至炉底の部分は溶解し削られてしまい、所謂「懐が大きく」なってしまう。炉内で溶融が進んだ銑鉄は湯口から原則として炉外へ流出するが、鉧を造ることが目的の場合は炉底に留まり炉壁に沿って複雑な片寄り方をした過程を辿っていく。最終工程の下りは鑪製鉄の工程のほぼ半分の時間を占めており、ここで鉧は急速に肥大し炉壁も薄くなり、ついに作業完了で釜出しの段階になる。

松江藩の政策的庇護

松江藩は慶安元年（一六四八）に御買鉄制をしき、延宝八年（一六八〇）には広島藩も同様な制度をしいた。専売の出荷先はわが国の諸物資が集まり搬出される中心地の大坂へ向けてが主である。さらに享保十一年（一七二六）に松江藩は「鉄方御法式」を発布し、鉄師頭取の任命などをして大鉄山を保護し育成すると同時に、本音では藩の財源として理財の手段とした。

また幕府もその成果を見て安永九年（一七八〇）に鉄座を設けて、遅れ馳せながらこうした経済の趨勢に便乗しようとした。しかし時すでに遅く後手に廻ってしまい、七年ほどにしてこの制度は廃止となった。鉄師は大水田地主でもあるとともに大山林所有者であって、明治維新後その資産形成には、新政府への過渡期に土地引渡しに対して採られた藩の温情処置が大きく影響している。言うなれば松江藩の鉄師は地域とともに、そこに住む鑪関係労働者のみでなく農民や炭焼、鉄穴掘り、末端は下罪（人足労働者）にまで、極端に言えば生殺与奪の権を握っていた。もっとも暫時で廃止されたが。この辺りは地元ではタブーの話なのかも知れないが、「川筋下罪人はスラを引く」と言う隠語が残っているような重労働であった。現在では想像もつかない困窮の時代であり、受けた恩恵もあれば気兼ね遠慮もあったであろう。

生山はJR伯備線の駅舎もある町であるが、寒村にしても文化三年頃は鉄山で賑わった土地で、かつては生山城もあった。日野郡の内唯一の鳥取藩領であったが相当苦しい過酷な鉄山労働を強いられていたものと見えて、この地の里謡には「生山やぶれ町、田の原地獄、霞お仙のやけ所」という哀歌が残っている。これは鉄価の暴落が下級労働者の生活に常に大きく響いていたことを端的に示すものであろう。なお出先番所の小役人がしばしば行った収奪もこの貧しさに輪をかけていたものと思われる。

鉄産に対する藩の徴税

藩の財政収入は主として田畑の収穫に対して課される年貢がその中心であり、これを本途物成と称していた。それに対して例外の徴収対象物件から納入させるものを小物成と呼んでいた。この小物成と名付けられた、言わば現代の雑税に相当するものは、各藩によって一般的なもの、つまり山林、原野、河海からの産物に賦課するものと、農村にとって生産能率化には不可欠の水車始め、各商品の問屋、酒造業者、さらには猟師などの鉄砲所持まで、ありとあらゆるものがその対象になった。正に本年貢を納める農民の埒外にあった海民、商人、山人などあらゆる階層から徴収していた。

『地方凡例録』に「国々所々に而其名目夥しくありて、其品々儘尽し難ければ云々」と記されたほどであった。原則として小物成は村高には計上されていないため、末端では出先機関の手代などによる任意な判断に委ねられ、うまく運用ができる自由裁量的な余地が多かった。

鉄の場合は藩としての何がしかの特産保護があったにしても、藩の財政政策を実施する末端役人では考え方も違い、農作の豊凶などにより変動幅がかなりあったものと推定される。こうした法外税収に等しいものであった。収入の実態は完全に把握されていないが、地域の関係文書の断片から見ると、浮役と呼ばれる準税であり、『郷帳外書』などによると「新かな役」「かな役」などがあり、運上とか冥加永などと不確定な浮免の扱いでもあった。

【補註】

（一）浜田市の一部にあたる津摩浦では、天保二年頃に農耕の被害とともに農民から、鑪の火の光やギッコンバッタンの天秤吹子の音で漁獲が減ったことを訴えている。これなど浮免の過酷な取立てを免れるために公害に付会したものであろう。

（二）藩営鑪を下付された青原村庄屋の原田家は五ヶ村の鑪を運営していたため、石州五ヶ所流と言われるほど定評を得て盛大であったが、文化十三年から再度藩の御手山鑪に制度変えをされた。

山陽地域での鑪製鉄点描

高梁川は新見市千屋花見山が源流とも言われ、南流して水島湾に注いでいる。上流地域は鑪製鉄が盛んであり、原料砂鉄も豊富、燃料の木炭にも恵まれ、黒毛和牛の放牧が行われていて、これらを合せて「三黒」と呼んだ。本来の名は松山で高梁と名を変えたのは明治二年のこと、沿岸の田村橋際に鉄山師太田三左衛門が居住していた。この付近は交通の便が悪く、荷物は主として牛の運搬に依存していた。ようやく明治初期に架かった小橋は鑪製鉄にちなむ名が多かった。『備中集成史』には「阿賀郡吹屋村、井原村、実村より真金出ず」とある。この川の源に接して北へと下れば鳥取県の日南や黒坂の著名な鉄産地を縫って美保湾へと流れる日野川がある。

加えて岡山県新見地方の番子唄の一節に「山の烏と山内暮らしゃ、雪がたんと降りゃ飢えて死ぬ」などと言う、あまり威張っては唄えない歌詞もあるが、しょせん発生は山内者の自己卑下から出たものであろう。さらには「黴び餅やるなら山内者におやり　炭火こがして腹たしに」もある。

吹子踏み唄などについて

鑪唄は現在では操業のとき村下が音頭をとっているが、かつては番子が炉況の調子に合わせて、吹子の踏板を足で押すためのものであった。『鉄山必要記事』などに記録されている歌詞は「嬉し目出たや若松山を」というような、教科書的な祝い歌式のいわば綺麗なものが多いが、そればかりでなく地方の工房や鋳物師などから聞いたものには、結構猥雑な文句の入ったものもあった。

中国東北部の土法製鉄について色々と教えていただいた、終戦時に通化から帰国の故成田数正氏と雑談中に、たまたま幼少期の思い出話に花が咲いた。その中で、「私の母は子供の頃、橋野の高炉の所で吹子踏みが唄っていた、色街のもののような歌詞を覚えてきて唄い、祖母から端《はした》ないと叱られた」と語ったことがあった。この祖母は明治期の高炉操業の功労者、高橋又助翁の娘だった。釜石が旧態勢から近代化に向かって歩み始めていた頃の話である。

往時の山深く入った橋野高炉は、昼夜兼行の送風操業であり、リズムをとって踏むために唄っていた吹子歌は重労働の息抜きであり、奇麗ごとの御祝儀歌や真面目一辺倒の歌詞ばかりであったはずがない。雲伯地域をはじめ中国北方で操業していた鑪吹きの唄も、鋳物工房の場合もこうした傾向は当然あったはずである。鑪製鉄が山間の苦役的労働から脱して、歴史学の中に研究テーマとして登場すると同時に、こうした歌詞も削除され忘れられたものと思われる。

島根県の境港に伝わる俗謡の「さんこ節」では、まだ村の当時であるがその殷賑ぶりを「日脚の入り口御台場で、西は御為替御蔵なり　千石船でも横付けに　伝馬いらずの良港」と歌っておりその繁盛振りが判る。この御為替御蔵が天保六年（一八三五）に設けられた鉄山融通会所である。文政六年（一八二三）産物方の廃止からは、すでに鉄の例外持出しは鉄山師が個別に行っていたらしいが、自力で大坂市場へ出荷できるのは大鉄山師だけで、中小の問屋は港の大問屋を経由しなければならなかった。

なおこの千石船は長さ三十メートル弱、幅九メートル、これを一隻建造するとなると、何と釘と鎹が二万本、帆・柱の鉄箍や錨などもあるので、合計では約三・五トンに達する。遣明船や朱印船、さらに菱垣回船・樽回船のような船を始め、西廻り東廻りなどの航路もあり、建造だけでなく補修用の鉄材も少なくなかったであろう。

焼入れ秘伝の和歌

小粒の還元鉄が焼き固まったようなものを丹念に集めて鍛錬して造り上げた小鉄器、やっと造れただけで成分も不均一の材質であったろうが、それに不完全でも浸炭させたり、熱処理をしたりして、切削性の良い刃物を造れるようになるのは、古代なりに製法に習熟し量産化が進めば、オリエントの例を見るまでもなく案外早くから実用化し普及したものと思われる。

それは全く偶発的チャンスから自然発生的に生じたもので、やがて経験の積み上げで焼入れ焼戻しの技術となり、一つの技術体系へと発展したものであろう。現在研究者は鉄器の武器としての切削性などを評価する余り、熱処理の技術の創始を科学的・工学的に考えすぎているのではなかろうか。

文明の発展とは、少々理屈張った表現をすれば、伝世の経験に基づく技能知識の集積と、その時系列的な流れの上で地域的な制約を受けつつ、長年かけて培われた物造りの所産であると言うことができよう。こう考えるとキュクロプスの焼入れ伝説などはある程度量産時代に入った後補のものと言えよう。

中国では熱処理の水や油について古くから研究され、古典にも記載されている例が多い。わが国では熱処理の難しさを良く現していたものに、日本刀の焼入れについての秘伝の和歌がある。これは灼熱状態と冷却水の温度の関係を言い得て妙である。加熱し過ぎたものを低温の水で処理すれば、刃は焼刃切れを生じてしまい失格である。低きに失した場合に温湯で処理すれば、切れ味はもちろん刃紋なども出てこない。

この点で熟練の刀匠であり、かつ代議士（国会議員）として活躍した故栗原彦三郎氏が第二次大戦中の『鉄鋼統制』誌上に寄稿した「日本刀鍛造の奥義と極意」に、十項の奥義の一つとして焼入れが工程順に記されている。「火加減、湯加減に関して各伝各流派に秘口伝奥義極意が数えきれぬほどある。備前、備中両伝とこの両伝より出た諸流派は主として低熱・冷水で焼き入れし、大和、山城、伯州、筑州の諸伝は中熱・温湯で焼き入れし、相州伝、濃州伝、舞草伝、薩州伝などは比較的高熱・温湯で焼き入れした」そして火加減と湯加減の関係は唇歯輔車、相反したときはその差が離れれば刃切れを生じたり鈍刀になる。そのため古人は秘伝口伝として、次のような和歌を残している。

○　寒中の水で焼くなら小豆色　散った紅葉の色にてもよし
○　気もゆるむ春の水なら桜色　なおぬるければ紅梅もよし
○　夏の日の赤き色には行水の　ぬるまの湯こそ上の上々
○　行く秋の橙色は人肌の　湯の温き心こそよし

刀匠の長年にわたる修練によって拾得された勘であり、計測やデータでは得られぬ領域であって、後は精神的集中にかかっている。

なおこの後で、焼戻し（刀匠は「合《あい》とり」と言うが）の過程がこれまた不可欠である。荒砥の工程を経てできた刀の硬さを調べ、それに合うような程度の調刃と呼ばれる焼戻しを行う。これも後世に残る名刀を出現させるための必須用件であった。

第七章　本格的な大砲戦始まる

大砲の創始と発展への苦心

大砲は古代の攻城戦などに用いた投石機の進歩したもので、初期には石弾を使っていた。これが後世になって飛翔距離を伸ばすために、火薬を使用したもので近世まで使われていた。大型の石（直径十五〜二十センチ程度）を城壁目掛けて多数発射するものであった。これでも石組みは次第に緩み、崩れていくので、破壊効果は簡単な装置でも大きく、崩壊した場所を手掛かりにして侵入攻撃ができた。従って旧式の投石機や投石砲の別は、遺物や戦火の詳細な観察とともに、破壊された遺構を注意して見る必要がある。

イラクのバトラ遺跡に残存していた十五センチくらいの投石機の石弾をよく見ると、古ぼけたものの中に布で包んで油を掛けたような痕跡があった。投擲する直前に点火して城の木造部分を狙い、破壊するとともに焼射ちを計っていたようである。なおこの装置は石弾だけでなく敵将の首級や、ペスト菌などのついた生肉なども放り込んだという。鉄弾を打ち上げるまでにはなかなかいかなかったようである。

堺製の超大型砲

大砲の日本への導入は、南蛮鉄をもたらしたことで知られるオランダ商館長のジャック・スペックが、二条城にいた徳川家康に元和元年（一六一五）に船舶用の加農砲を献上したなどと伝えられている。超新鋭武器として恐怖とともに巨大な威力を認められていたのであろう。

靖国神社遊就館に一際目立つ鉄製の大砲が展示されている。口径九・五、外径三十三センチで砲身の長さは三・一三メートル。世界で鉄の鍛造砲がまだできなかった慶長十六年（一六一一）当時、これだけのものを完成させたとすれば、西欧でも一八六〇年のことであり正にギネスブックものである。

この巨大鍛造砲と呼ばれている文章の初見は、『堺鑑』と名付けられた堺の歴史・地理・産物を紹介した地誌である。著者は同地の住人であった衣笠一閑宗葛が纏めたもので、貞享元年（一六八四）に京都で出版され、技術書としてだけでなく今日で言えばガイドブックで、何度も改訂出版されたものである。もっとも本文の書き出しに老人達から聞いた話とあり、正確な情報によるものではないことを記している。

「又大筒ノ張初ハ當津芝辻氏也此氏ノ先祖ヨリ鍛冶ノ家ニシテ北荘櫻町ニ住ス、中此清右衛門入道妙西ハ鉄炮張ノ事ニ其妙ヲ得タリ、其子孫理右衛門入道道逸ニ至リテ彌精微ノ處ヲ極メタリ、其此異國ヨリ銅ノ鑄筒玉目一貫目許ノ大筒渡シニ、東照宮鉄炮ノ大筒得玉ハン事ヲ思召シ、諸國ノ鍛冶ヲ招集シテ鉄張ノ大筒ヲ調進上仕トノ上意成下ト云共、誰カ御受ケヲ申上者ナカリシニ道逸畏テ領掌シ奉ル、即本口一尺三寸末口一尺一寸長一丈玉目一貫五百目ノ大筒ヲ不日ニ張上奉是、蓋鉄張ノ大筒ノ始成ルベシ其大筒今紀州ノ御城ニ有之由申シ伝ヘ今ニ至リテ其子孫門葉相続シテ忝モ公方ノ御用ヲ承列ニ加ル家ト成リ」

『近代世事談』二

「其の後暫く後、外國より大筒を渡す、鑄筒玉目一目斗の筒なり、此の筒のごとき大銃を製すべき者ありやと、諸國の鍛冶を召しあつめさせけれども、御請け申すものなかりしに、堺の妙西が子理右衛門入道道逸、かしこまって領掌したり、本口一尺三寸、末口一尺一寸、長一丈、玉目一貫五百目の筒を、不日に張りて奉れり、これ日本大銃の始めなり」

なお『本朝世事談綺正誤』は前掲書を引用し、文政二年（一八一九）に山崎美成が後に随筆集として纏めたとされており、ほぼ大同小異の内容であるがこれらの記載を事実とするのは、いずれにしても徳川全盛期の時代であり、詳細に検討すると聊か信憑性の点で問題がある。中間の一七三三年の『近代世事談』による菊岡沾涼の記述も、これらの文章は引用に近いものである。

この砲は現在推定されている瓦付け施工がどのようなものか不明だが、方広寺にあるような大箍を切り開いて、仮りにこれを素材に充てて筒状に造り、テーパーを持たせて順送りに差し込んでピッタリ筍状の入れ子にして二重三重に鍛造し、厚さ十センチ強の砲身に仕上げるのは、鍛工の技術からすれば不可能に近く並大抵のことではない。製作中に温度が下がってしまった場合の再加熱はどうするのか、和鉄は幾ら鍛着性が良いと言っても限度がある。加熱時の鍛着線を形成する酸化第一鉄の被膜を除くにはどうしたか、これらの点をどう克服していたかに問題が残る。砲腔を厚肉に接着するのは材質が錬鉄・庖丁鉄で軟らかいため比較的楽だが、それにしても洋菓子のバウムクーヘンを造るのとは訳が違う。相手は完成後に強烈な爆発を伴う大砲である。

この鉄製砲は著者が昭和三十八年頃に見たときは、野外展示で赤銹まみれの状態であったが、現在では整備された遊就館内に展示されており、表面はサンドブラストで美麗に仕上げられている。明治十七年九月砲兵第一方面より同館に移管とされているが、当然のことながら覗いても砲腔内に施条痕は認められない。照星・照門がやや大き過ぎる嫌いがある。なお人力による鍛造加工にしては余りにも正確にできており、周囲に疵も全く見当たらず、表面・寸法など素人目には寸毫の狂いもない。

なお疑問としてはこの砲を始めとし、大友宗麟のフランキ砲（国崩）も明治十四年五月に、前記第一方面より移管されている。反射炉で知られた江川太郎左衛門の鋳造とされる、三百匁鋳鉄製の前装火縄式加農砲は、腔綫を後から細工したものとされているが、銑鉄鋳物の砲腔に施條を追加するのは容易なことではない。これも明治十五年二月に同じ第一方面からの移管となっている。これらの出所である、第一方面というだけでは詳かではないが、所蔵地あるいは発見地となるとこれが皆目見当が付かない。『堺鑑』には紀州にあるとされているので、御三家筆頭の和歌山城内に保存されていたことになる。さもなければ京阪の著名神社にでも伝世していたものではなかろうか。

それにしても偶然とはいえ日本歴史上有名な大砲がよく一同に集まったものである。この第一方面であるが、ここは幕府の関口大砲鋳造所に始まったもので、陸軍省所管の砲兵本廠の明治八〜十二年頃の呼称であり、東京砲兵工廠となった後も伝統から旧称を使っていたのであろうか。

まさか第一方面所管の工廠で明治期に、何らかの記念として製作したということでは無かろう。『堺鑑』の記述は大坂夏の陣（一六一五）が終結してから七十年を経ている。これだけの年数を経過していれば徳川全盛の世であり、公方様ヨイショの執筆になっていても止むを得ないであろう。

第一方面は明治初期における火砲生産のトップ工廠であったが、明治二十七年の日清戦争でも大部分ここの青銅砲が使われた。日本で水練式鍛造機を使って大砲の本格生産に入ったのは明治末期であり、北海道室蘭市の母恋で日本製鋼所が英国のアームストロング・ビッカース社と技術提携してからである。

【補註】

（一）豊臣秀吉が小田原城を包囲したときに、北条氏真は天正十七年（一五八九）鋳物師の山田家に対し、大筒二十挺の製造を命じたが、『相州文書』には「手際よく疵無きように造るべき事」とあり、小径の砲であろうが念を押した指示をしている。

（二）この張立てで造ったという大砲が、徳川家康の巨大砲として余りにも喧伝されてしまったため、文献調査も十分でないままに、故佐々木稔先生の超音波探傷法による科学的研究が実施された。水中に浸漬させて大砲の構造解析がされ、その結果軟質の瓦程度の大きさの曲面厚板を八周も張り合わせ、砲の長さにするには芯部の幅を狭くし数も少なくしたとしても、外周側では縦に六〜七枚であり、一周巻くには五十枚程度は必要になる。これを砲口から砲尾まで鍛着するには何十回も巻き付け鍛造する必要がある。さらに砲尾の部分などはどう処理したであろうか。鍛冶の技術では当然突出した工人がいたにしても、とても纏まるものではなさそうである。鎚打の伸び代とか加熱しての接着面などどう推定されたものであろうか。浅い火床の中でフレキシブルな加熱装置でも無ければ無理であるが、当時の工作法としては個々の物が小さくしかも数が多いので、五十枚もの鉄を纏めて完成できた可能性は低いものと思われる。インドのデリー市にある鉄柱は無垢であるからこそ鍛着できたものである。

大塩平八郎の乱と大筒

天保七年（一八三六）の大飢饉の最中に、大坂では庶民を無視した暴政が行われていた。翌年二月に大坂町奉行所与力の大塩平八郎および意を同じくする与力、同心、その他の人々が、大筒まで持ち出して天満一帯を反乱の渦に巻き込んだ。もっとも大筒の種類は鉄製のものもあったかも知れないが、青銅砲、木砲と様々であった。炮碌玉や棒火矢も使われ、その影響で市街地の二割方を罹災させたとも伝えられている。

この騒動は庶民の窮乏を見るに忍びず立ち上がったものではあるが、巨大な幕府の組織に抵抗することは到底できず、同志の中に裏切りも出て義民的な事由ではあったものの失敗に終わった。鴻池などは破壊の目標にされていたが、前記のようなものでは武器としてどの程度の被害を与え得たであろうか。発砲は門前と表現するに等しい至近距離だった。市内の多発した火災は砲火というよりも、蜂起した群衆が放火したものによると考えられる。

欧州から鋳造砲の情報は入ったが

各国で国家主義が台頭し隣国だけでなく海外への侵攻が始まると、青銅砲ばかり製作していたのでは原料費が掛かり過ぎるため、安価な鋳鉄砲の製作が奨励されていた。この辺りが銑鉄依存へと移行していく最大の要因である。一七八六年フランス軍の砲兵隊が操練中に、数門を破裂させてしまった事故などもあった。初期には海外でも銑鉄に対する理解が乏しく、鉄そのものが量産期に入ったので安価にできはするが、金属学的な知識に乏しいため射ってみると破壊の危機が多かった。

従って青銅砲より鋳造砲はやや肉厚に鋳造して、厳重な試験射撃を経て使ったが、それでも爆発事故が多く死の危険が伴っていたため、射手は鋳鉄砲を扱うことを好まなかったという。

原料銑鉄が日本のように白銑の場合はその質が堅過ぎて、脆く、鋳造終了時に鋳張りが除き難いなど、仕上げ加工をし難い欠陥があった。さらにその上に固いだけで欠損し易い難点も持っていた。日本の工場の現場ではこれをカンカチと呼び、鋳砲関係者にとっては穿孔も困難で実に難しい代物であった。

このような銑鉄で造っていた当時の大砲では、大正時代や昭和年代と似たような椎の実形の弾はまだ使用されておらず、銑鉄鋳物の丸弾では遠方へ飛ばすことは不可能である。恐らく初期のものであろうが、『鉄熕全書』には、擲石炮という火砲があったとしている。これは布で包み油を塗った不規則な形をした石弾であり、麻袋につめたものにしても砲腔との間に隙間ができるので、弾丸としての効果は理論通りではなくかなり弱かったであろう。その影響で爆発の危険性は幸か不幸か幾らか免れていたはずである。

『西洋鐵熕鋳造篇』の巻之一辺りを子細に読めば、当時大砲という武器の製造が非常に困難なものであり、同書が発刊されたオランダにしても、また独立戦争などで頻繁に使用した米国でも、幾多の爆破事故を起こしていたことが記されている。日本の場合外国からの侵攻に対処するため緊急の準備であったにしても、それが実用化するには容易なものではなかったことは、洋書注解の知識程度でも十分に理解できたはずである。

著名な大砲の爆発事故といえば一四六〇年に、スコットランドのジェームズ二世が王自ら、ヨーク家とランカスター家の内紛に際して、後者に同調してロックスバラ城を包囲し、八月初めに暴発によって戦死している例がある。初期の砲は砲身の脆弱な点や火薬量の誤りから再三爆発が発生したと見え、十八世紀に至っても、しばしばこの試射の段階で破損してしまっていた。

【補註】

（一）青銅砲は通常フランキと言われるが、砲の形式そのものはもっと早くから知られていたと見えて、既に応仁二年（一四六八）の応仁の乱に東軍が用いたと言われている。それを見た日本人がこのような名を付けたのであろうが、言うなれば初期の元込式の粗末な砲であり、仏狼機と言わず母子砲と呼んでいるなどは、機構上言い得て妙である。大友宗麟はこれを見て巨大な石火矢と喜び、「国崩し」と名付けたという。それもそれ程強力な破壊力をもったものではなく、名称の由来などは後世の付会もあろう。

（二）このような点から西欧でも初期の鉄製砲は芳しい評価を得られなかった。『西洋鐵熕鋳造篇』には「鉄で造った銃砲は経費が安く上がるが、ややもすると破裂の事故を発生し易い。危険との認識で若干肉厚に鋳造するが、それでも破裂するため砲術家の間では鋳鉄砲の使用を好むものはいない」と記されている。

さらに「錬鉄の筒は小銃に非ざれば作り得べからず」と、小径のものは鍛鉄でも加工し易いが、鋳鉄砲は容易く作れないことを物語っており、当時の鉄の溶錬は鉄匠ではなく弟子任せであったから理論通りの鉄ではなく実際は粗悪なものであって、それで銃砲を造ってしまうので、破裂が多発する原因となっていた、としている。しかしこの記述には、強いて言えば利用者の階層による責任転嫁が読み取れる。

外国での鋳鉄砲を調べてみると、スコットランドのジェームズ二世が一四六〇年にヨーク家とランカスター家との内紛に際して、ランカスター家の主張に同調するところを見せようとし、ロックスバラ城を包囲しているときのことであるが、この戦で新兵器の過信から炸裂事故に遭い、王は三十二歳で死亡した。悲劇は導入初期の日本と同様に、欧州の各地でも発生していた。

幕末日本における輸入銃

話は大砲から逸れるが、ここで同時期の銃事情について見てみよう。

日本で製造した模造銃の他に、海外から運びこんだものには火縄銃を初め燧石銃、ムスケット銃などがあった。

仏＝ミニエー銃、前装管打式、旋条銃　一八四六　燧石式から撃鉄による雷管の打撃発火に改良したもの。戊辰戦争・西南の役、台湾出兵でも用いられ明治陸軍でも使用された。

米＝燧石式スプリングフィールド銃　一八一三　鉛弾黒色火薬使用。

独＝ゲーベル銃　一八三一　俗にケベルとも呼ぶ。燧石式を後に雷管式に改造。高島秋帆が初めて輸入したと伝える。戊辰戦争の白河役などに使用。

日＝筒打ち式（雷管外火式）　火縄銃を後装式雷管銃に大幅に改造したもの。戊辰役に使用。

英＝エンフィールド銃　管打ち式前装銃、日英ともペーパーカートリッジ式雷管。当時最新式のもので薩摩藩が大量に確保、日本での模造品も多い。英一八五三年制式。

米＝スペンサー銃（歩兵銃）　当時最新式の元込式七連発で、金属薬莢の弾丸を内蔵した筒を銃床に収め連続射撃が可能。佐賀藩では国産。

スペンサー銃（騎兵銃）　馬上で使用する銃身の短いもの。

米＝シャープス銃　後装・ライフル式　一八五九　日本へは南北戦争終了後に大量放出。

英＝ウェスト・リチャード銃　一八六一　後装ライフル、日本での名称は「リカルーツ」。弾丸は閉塞型、ペーパーカートリッジ式で弾尾を粗毛で固めていた。

英＝スナイドル銃　後装管打銃　一八六六　ミニエー銃を改造したものもあった。

まだまだ色々なものが輸入されていたと思われる。前装滑腔銃は先込めで一発分の火薬を入れ、鉛弾を布に包んだ状態で装入した。これが後装式に改良され、後に連発できるようになったのは大変な進歩である。

【補註】

小田原市の市立郷土館に東征の折に西郷隆盛が持ち来たったものという大径の小銃がある。西郷云々はどこにでもある英雄伝説に絡む創話であろう。あるいは形状からして神社などへの奉納品かもしれない（全長八十二・三センチ、銃身四十二・三センチ）。

調べてみるとこれは近距離での暴徒集団に対して発砲し、負傷や威嚇程度の効果を上げることを目的としたもので、当時管打ちと呼ばれた射撃に使った、いわば散弾銃である。別称を喇叭銃とも言われたもので写真とはやや異なり、銃口が僅かに外側に広がっていたのでその名がついたのである。従って弾丸は小粒の鉛製散弾のほか、古釘なども先端装入で使用していたという。注意してみると大口径（三十九ミリ）なのに銃身の肉が薄く三ミリ弱で、

伝西郷隆盛所持ドンドル銃（小田原市郷土文化館蔵）

床尾板の形式は洋式銃の流れを引いたものであり、言うなれば和洋折衷で手先の器用な日本人のいかにも考案したものらしい遺品である。

征夷的製鉄論

幕末の日本の蘭学者も大砲に使えるようになった銑鉄については、山陰筋で造った白銑と船載されてきた洋鉄（荷足鉄）を、蘭書の記述を読んだだけでなく長崎で実物を見る機会があり、さらに南蛮鉄のような異形のものも見たりして、当然対比して考えていたであろう。「灰色の上物とするためには火薬（溶媒材・添加物?）を適宜にして、銑中に含まれている雑物を排除し、清潔な銑とすることを要す」と記している。この辺の理解が実施段階で生かせず、曖昧のままに足元に迫った海防という大号令に、とにかくそれを充足させるために工法の研究も未消化のまま、火急の鋳鍛造に突き進んだ無理が読み取れるのである。

また、こうした時代の武備の認識について言えば、日本人は西欧の文化に対する知識が、蘭学者を除いて極く浅かったわけであるが、それでも旧来からの農民一揆や雑兵のような竹槍戦法では、勝利はおぼつかないことを断片的な情報で察知し始めていた。だが、一般的な対応は先進地の佐賀や薩摩のようにはいかなかった。

水戸藩の儒者会沢正志斉が文政八年（一八二五）に著した『新論』には、黒船に対する泥縄式対策の実態を、「ロシアの南下に備えよ。国内の鉱山を開発し、大砲を多数作れ、使い捨ての木砲でもよい。弾丸も鉄、石ころや鉄屑を膠で練り、餅とし、あるいは鉄滓、砂鉄を餅として作れ」と実情を知らず、泥縄丸出しの威勢のよい意見を並べ立てている。

指導者がこれでは、釣鐘を海岸に並べて砲に見せかけるよりも、爆発音だけは出せるので無いよりはましだが、初めから巨大な黒船との戦闘に当たって勝ち目はない。こうなってくるとたとえ武器は無くても精神力でという、七十年前の第二次大戦時と同じで、正に竹槍も使っての討ちてし止まむの精神論になっている。

【補註】

導入に地の利を得た九州地方では、『南海治乱記』によれば、河野通直の守備地域では大砲の知識が若干あったが、製作する技術までは無く、鉄銅いずれにしても適当なものが調達できぬため、松の生木を筒状に彫って試行錯誤を続けた結果、竹箍《たが》で周囲から締め付けて使ったという記録がある。これでは花火筒の気の利いた程度であるから、音響の凄まじさの方が役立った程度であろうか。

日本を包囲した黒船とは

浦賀沖に現れたペルリの艦船、初め黒船と呼ばれた大船は、太平の世に馴れた日本人を恐怖のどん底に叩き落した。この巨大な戦闘艦群を、一般の人々は舷側・外板などの色が黒いので、鉄板で張り廻らされた構造の、装鉄軍艦と理解していたようである。しかし、この時代でも実際はまだ大部分が木造船であり、船体の要部を樫材やチーク材などの硬木で造り、木酢タールを塗って黒くし外観を鉄に見せかけたものであった。ペルリなどは礼砲と称して空砲を百か二百発打ち上げれば、この程度の当時の新鋭艦でも日本人は肝をつぶして、無条件降伏すると高をくっていた。しかし三浦半島西側の荒崎海岸の沖で海が荒れて実弾を海中に投棄しており、攻撃の用意はあったようである。

『オックスフォード海事辞典』によると一八五〇年頃から、英仏米同時に鉄板貼りの軍艦が計画され、Glorie 級のものであるが、仏の四隻はチーク材を構造材、外板として錬鉄板で覆ったものであった。このような鉄板貼りの軍艦同士が最初に戦ったのは一八六一〜六五年の南北戦争だったが、いずれも相手の装甲を打ち破ることができなかった。当時の艦載火器はその程度だったようである。アヘン戦争のときに英国が派遣した軍艦ネメシスが中国側のジャンクを砲撃している絵が残っており、ここにも火器に対する技術水準の違いが見られる。この辺りが装甲艦の発端のようである。勿論当時のものは錬鉄板であって鋼鉄板のものではない。

この種の艦が日本に初めて入ったのは宮古湾海戦で活躍した、フランス・ボルドーで建造された「甲鉄」であり、オランダのドルトデヒトの造船所が造った「開陽」の二年前、どちらも超高額で四百万ドルと言われている。「開陽」の方がアームストロング砲その他設備が整っていたが、「甲鉄」はトン数も三分の一に過ぎなかった。しかしこれにはガトリング砲（機関銃）が装備されていたと言う。後に「甲鉄」は「東」と改名され、明治二十一年まで就航した。

幕末の様々な大砲

大砲は口径が十二ミリ以上の火器を指したというが、これでは太径の鉄砲で狩猟の際に使う猪玉の少し大きなものであり、抱えの大砲《おおづつ》などでもこの程度の弾丸は発射していたであろうから、幕末でも区分は曖昧だったのではなかろうか。筆者は稽古不足なら城の狭間から発砲させるのが好適だと思うのだが、実戦の場合稽古で想定したものより口径が大きいと、一部狭間を壊して委託射撃で使うようなこともあったと思う。

とにかく幕末の大砲は、当時漂流したり海難で退避してきたりしたような外国船が廃棄、あるいは払い下げたものがあり、形式なども国別の他、建造年代によって新旧の違いもかなりあったと思う。鋳銅製のフランキは製法的にも『大友興廃記』（天正十四年）に出てくるが、これは青銅製であり系統が全く違う。鋳鉄製の大砲は前装滑腔式のものが多く発射前に火薬を挿入し、発射直後には火薬の油煙や火の粉を大きなブラシで掻き出す仕事まであった。

幕末時の大砲には以下のようなものがあった。

モルチール砲（臼砲）

攻城用の大口径で砲身が短い砲。極く肉厚のバケツといった感じであり、博物館で見たものは火矢用のペンシルロケットのような弾丸を打ち出す小型のものが多かった。模型ではなかろうか。

ホウィッスル砲（忽微砲）

榴弾砲、葡萄弾のような破裂弾や焼夷弾のような弾丸も用いられる可能性があった。

カノン砲（加農砲）

着弾距離が長い大型の砲。沿岸防備に使われ、要塞などに固定して砲口に僅少の移動の可能性はあるものの、上下左右自由ではなかった。

カロナーデ砲（葛竜砲）

主として英国の艦載砲を指すが、変わった漢字名は各藩で中国文字の知識によって名付けられたものもある。

十九世紀に入るとロシア、欧、米の諸国が、通商を求めて来航する例が増加し始め、幕府は一八二五年には異国打払令を発した。然もアヘン戦争の情報が入り始めたので、態度を変えて薪水供与のみは許可した。やがて長州事件、薩英戦争が終焉して、さしもの国を挙げての大砲鋳造も、内戦のみの需要低落となり、技術的水準や採算割れなどで大部分は影を潜め、一八六七年末の大政奉還・王政復古となって、外交関係は一変した。

【補註】

なお、前述小田原攻めに備えた北条の小径砲の製作技術は、時を経て幕末にその息を吹き返し、小田原藩が市街の東側海岸の台場ヶ浜で、鍋町居住の鋳物師が鋳砲を製作していた。韮山歴史館所蔵の絵巻に鋳造現場の風景が描かれている。

長州戦争瞬時の敗北

文久三年(一八六三)五月、時あたかも幕府が攘夷期限と定めた日、米商船が下関海峡に停泊して不審な動きをしていたので、それを長州の藩船が咎めて発砲した。これが好個の口実となって英・仏・蘭・米の攻撃が一斉に開始された。司令長官は英国海軍中将キューバー、副司令官は仏国海軍少将ジョーレスである。しかし戦闘は「竹槍とB二九」ほども武器水準が違っており(大砲の射程距離は長州藩のそれは良いもので一キロ以下に対し、外国艦は約四キロと言われている)、そのため藩兵数十人が殺害され、砲台の破壊、陣屋への放火などが行われて数日を経ずして敗戦となってしまった。

この戦闘で、連合軍側のアームストロング砲の前に立ちはだかった長州藩の大砲はどのようなものであったのか。故吉田光邦先生の『洋式砲術の謎』によれば、大部分は青銅砲で、しかもそれらのものは古い江戸砂子村鋳砲場で製造したものとされている。なお萩市の椿東前小畑上ノ原に遺存する反射炉は、高さが十一・五メートルで韮山の十六メートルのものと比較すると、材料の熔解部分が破損しているが容積では半分以下に過ぎず、余りにも小さくて大砲のような大型鋳物の鋳造は不可能と思われる。

この頃長州藩では藩内にあった郡司鋳砲所で、従来の梵鐘や犂先・鉄鍋など日用の青銅・鉄器の製造技術を転用し

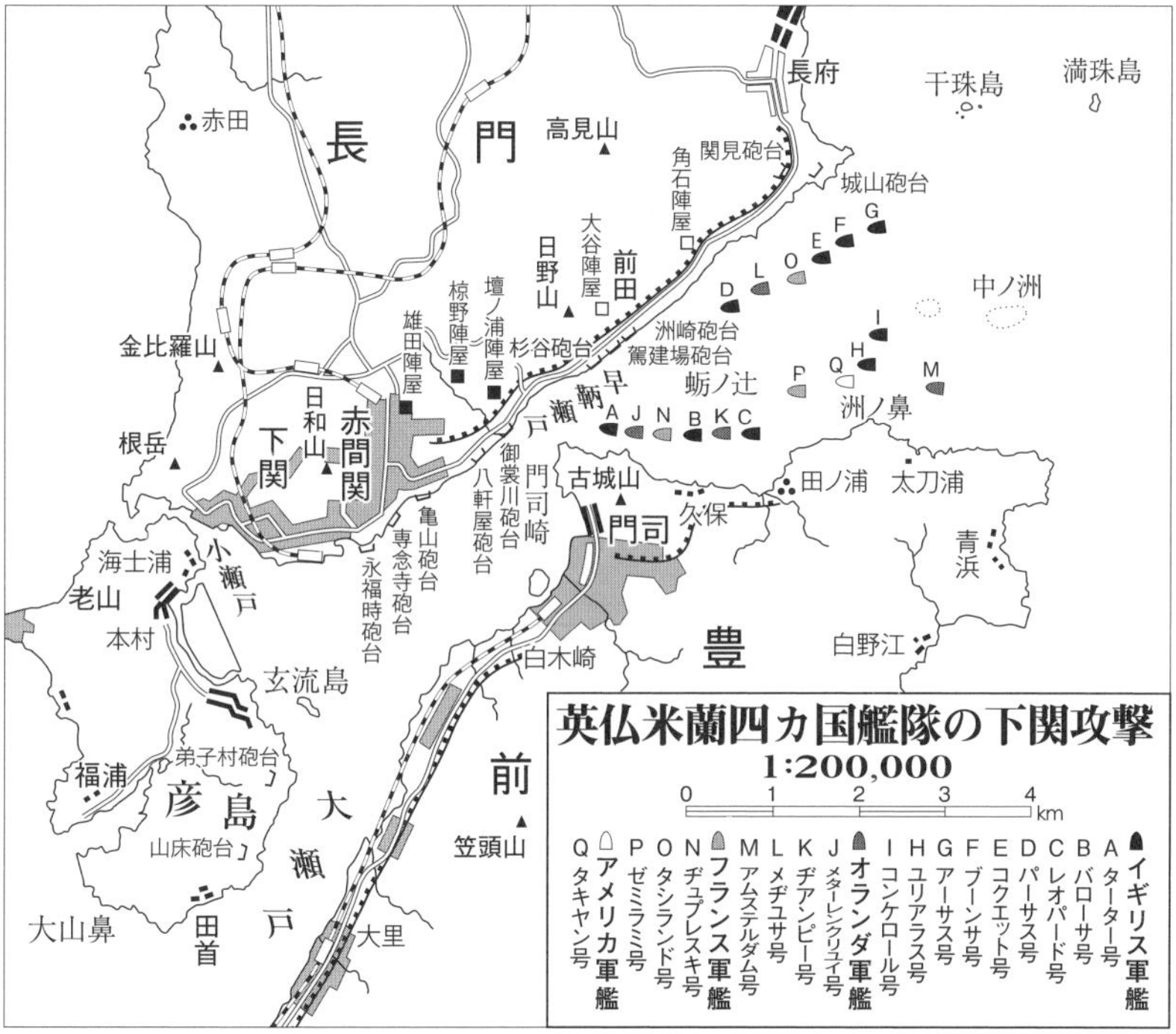

英仏米蘭四カ国艦隊の下関攻撃

て、防衛のために緊急兵器生産を始めていたのである。山口県教育委員会の遺跡調査結果によれば、鋳造場の型台の石組みが大型砲用としてはやや小型であり、溶解炉（甑《こしき》）跡も小規模の嫌いがあるという。鋳型外枠なども発見されている点から推測して、青銅砲の鋳造をしていたとすれば、合わせ湯で中・小型の砲を製作していたものと考えられる。勿論前装滑腔式が限界である。弾丸の粘土型片や鉄滓の出土から想像すると、砲弾鋳造、それも着弾しても破裂しない銑鉄製砲丸が作られていたのであろう。

確かに山口県南部の海岸沿いには、大谷陣屋、前田陣屋をはじめ、壇ノ浦、椋野、雄田などの陣屋があったが、そこに所属した各砲台は（北から関見・城山・洲崎、籠建場、御裳川、八軒屋、亀山、専念寺、永福寺などがあった）いずれも数日で簡単に占領されてしまい、続いて彦島の弟子村、山床の砲台が占拠されてしまった。これらの砲台から撤去された大砲は六十門を超え、長州藩の戦力は悉く抹消される結果となった。

つまり四カ国連合の十七隻の軍艦・船舶による「白人を嫌う生意気な日本人の攘夷拠点」に対する共同攻撃（いじめ）とも言えるものであり、元治元年（一八六四）八月四日に火蓋が切られ、艦砲射撃と二千名に及ぶ圧倒的な兵力で、あたかも赤子の手を捻るように占領が行われた。

終結に当たっては◎四カ国の出入船舶への燃料・食料補給などへの便宜供与、◎上陸に対する黙認、砲台の破棄、◎下関市街焼払に代わる膨大な賠償金の支払、◎次いで遠征費用の全額負担などが要求された。しかもこれは一司令官の思惑を含んだもので、本国からの命令ではなく、個人の恣意的な武力を伴う恫喝行為であったという。さらにそれは後に尾を引き、不幸にも明治期の外交折衝の前例となり、条約など多くの施策に不平等問題を投げかける結果となった。

なおこうした戦闘の結果は、時代遅れの軍事技術書に拠って兵器を国産しても、所詮西欧の大幅に進歩している火砲水準の前には、到底敵するものではなく、当面は超高価であっても、次に始まるであろう内戦にも備えて、西欧の輸入武器に頼らざるを得ないことを痛感させた。

そのため動乱期の日本は、先進技術製品の導入といえば格好は良いが、実態は欧米から来た死の商人達の跋扈する、格好の粗悪品多売のマーケットとなってしまった。

その結果、大砲小銃・軍艦など多数の新品・中古品が入着した。中近東やアフリカ諸国と違ったところは、器用な日本人はそれらをモデルにして、後の軍工廠をはじめ民間工房により急速に武具や近代的製品の国産化を推進していったことである。

しかし、欧米諸国は炸裂装置の付いた砲弾を、日本へ売らなかったのではないかと思われる。

露国でも英国製の大砲

靖国神社境内に幕末の大砲が遺存して公開されていることを、永雄五十太先生のご教示により知ることができた。それは露国極東艦隊の司令官プチャーチンが、嘉永六年（一八五三）末に来航し、翌安政元年（一八五四）末に日本が和親条約を締結させられたときのことである。時あたかも伊豆大地震・津波が発生しその軍艦一隻が下田沖で座礁した。その代替にスクーナー型船一隻（四百石積程度）を建造し、帰国への便を図ったのが伊豆戸田の船大工達であった。その謝礼に幕府に寄贈されたのが、このディアナ号の大砲であった。全長二百五十九センチ、口径十五・五センチ、肉厚十二センチの三十封度加農砲である。一八四八年製だが腔綫が切ってなく、従って装弾も旧式の先込滑腔式のもので、素人目にも時代遅れのものであった。

注目される点はこの砲が露国製でなく英国製の点で、当時鋳鉄砲は寒冷地の影響（急激な冷却）もあったためか、最新式のものではなく、かなり遅れた砲であった。露国では製作が難しかったものと推察される。要するにロシア艦隊は帰国にあたり、既に実戦配備には使えないこのような大砲を、日本人の武器に対する無知につけこんで謝礼と称し、置いていったのではなかろうか。

問題はこうした経緯の後十年足らずの、元治元年（一八六二）に対馬の芋崎浦に露艦が闖入し（大船越瀬戸の事変）、日本人多数を殺傷し占領する暴挙に出たことである。もっとも露国はそれ以前から北方海域に、しきりに出没を始めていた。この事件は当時の幕府の交渉力では到底解決することができず、英国など対日政策についての条約締結国が利害から結束し、その共同介入抗議によって退散させ、決着を見た。露国にとっては温暖な地の不凍港であり、好個の軍事拠点となることに着目していたのであろう。

【補註】

（一）熱田神宮の宝物館に収蔵されている幕末期の鋳鉄製大砲は、砲腔の長さが一・四五メートル、珍しいのは前装式だが弾の形式は径十センチ前後の八角形を呈していた。ウィットウォース卿の発明とすれば一八七〇年前後で、アームストロング砲の出現直前頃のものである。前記ロシアのそれと類似した水準のものではなかろうか。

（二）佐久間象山は天保十三年に纏めた上申書『海防八策』の中で、欧州でも海軍の後発国（ロシアやトルコなどを指す）は先進海軍国から、軍事兵器や技術を導入していることを示唆している。そこでは日本も方針を切り換えて軍艦を買い入れ、操練のためにはその国から運航に熟達し大砲戦も経験している将兵達を招聘して、既に海軍の人材を養成することが必要である。今更時代遅れの鋳砲などしておらず、反射炉のような多額の経費の設備投資も止めて、輸入に切り替えることが急務であるとしている。ハッタリが強かった人物とも言われているが、当時としては先見の明とも言うべきであろう。

薩摩対英国戦・集成館も半壊

文久二年（一八六二）八月に生麦村（現横浜市鶴見区）で、島津藩主忠義の父久光（同藩重富領主）の行列前を英国人数人が騎馬で横切ったことが引き金になって発生した、生麦事件の燻りは、日欧の甚だしい社会制度の違いから、根深い国際問題の危機を孕んでいった。

彼らはアヘン戦争（一八四〇）に勝利して香港を占領し、中国清朝を相当痛めつけ死者多数を出した末にその地を百年租借地とした結果、その勢いに乗じて武力を背景に幕府と薩摩藩に過酷な要求をしてきた。そしてその処罰処置が難航するや文久三年（一八六三）七月に、鹿児島を報復のために砲撃するという、時の司令官クーパー中将による、薩英戦争の火蓋が切って落とされた。

当時薩摩藩は南海を経由して西欧技術を摂取しており、そのため磯公園北側に洋式高炉や反射炉を建設し、集成館という名の当時の日本としては、非常に進歩した総合生産工場を有していた。しかし時代遅れの輸入図書では完全なものができる筈はなく、それでも戦闘はここで造られた大砲などの武器を用いて善戦し、その結果英国艦隊旗艦の艦長・副長を戦死させたのを始め、数十名の死傷者を出させたほどであった。しかし、それにしては乗組員を死傷させながら英艦が小破もしていないということは、集成館製の大砲の威力のほどが判るというものであろう。

鹿児島は市街地と桜島が目前に対峙した地形で、湾のこの部分だけが狭隘になっているため、英艦は地理不案内と豪雨烈風に遮られて航行に難渋し、また風浪により砲台の近くに接近して射撃せざるを得ず、藩砲台と英艦は僅かな隔たりでの砲撃戦となってしまった。

旗艦ユーリアラス号（三千三百七十トン、これは戦闘の四年後に幕府がオランダから購入した軍艦「開陽」に匹敵する）以下の七隻からなる艦隊は、一キロ以下まで鹿児島の砲台に接近し、砲台や市街はアームストロング砲なども混じえての集中射撃を受けた。これに対し薩摩の砲台からも必死の応戦がなされたが、武器性能の大幅な違いから大部分の施設が大破されてしまい、拿捕された藩船その外は全て火を放たれ、市街も大半は焼失するという惨害を受けた。

もっともこれは新鋭火砲の力というよりも、英国側が日本の家屋構造を熟知し、アームストロング砲など使用するまでもなく、茅葺の屋根が大部分であるから、攻撃は棒火矢程度で十分と計算していたものであろう。後述する膨大な資金を注ぎ込み苦心の末に完成した集成館も砲撃されてしまい、火災の難も重なって、高炉を始め多くの工場が稼働不能となってしまった。

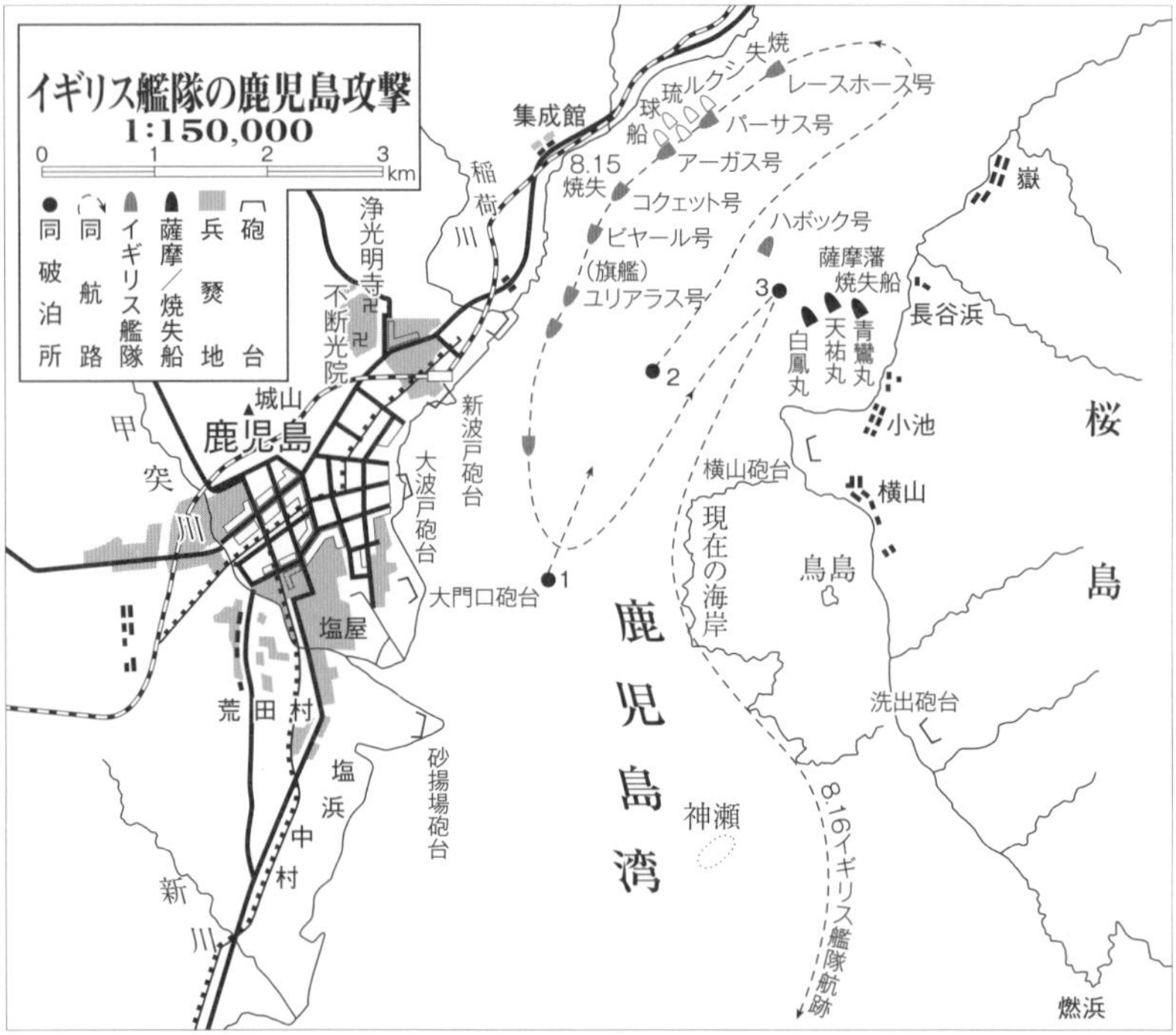

イギリス艦隊の鹿児島攻撃

この戦で使われた薩摩藩の大砲は蘭書『ゲシュットキテレイ（訳書『西洋鐵熕鋳造篇』）』の設計図や翻訳本を基本として主に青銅で製作された程度の、敵艦とは比較にならぬ性能の劣るものであった。これに対して英国艦には名前だけ聞かされていた新鋭砲が多数搭載されていた。大砲戦の革新期とも言える十九世紀の中頃に、旧式砲と欧米の最新式との射ち合いでは、射程距離も破壊力も全く大幅に劣った水準で勝負は目に見えていた。

薩摩藩は主に青銅製の前装滑腔式の砲であり、鋳鉄製素玉の円弾である。これに対して英艦は半数以上が後装旋条式で砲丸は紡錘形のもの、つまりアームストロング砲であった。弾頭は既に不完全ながらも信管装置が付けられており、弾丸の周囲には鉛玉を取り付け、或いは金属板の帯を巻いていた。これは砲身の溝と噛み合って飛翔力を強めると共に命中精度を著しく高める工夫である。

防衛体制として集成館の南部海岸側に立ち並んだ砲台は、稲荷川河口南部の祇園洲《ぎおんのす》砲台をはじめとして、新波止砲台以下計五ヶ所が続き、桜島側も挟撃できるように島内にも横山、洗出の二ヶ所に加え、島嶼部にも烏島《からすじま》等々砲台が設けられていた。布陣としては十分配慮されていたが、如何にせんここでも余りに兵器の質が劣っていた。結局は巨額の賠償金を更に増額される結果となった。

薩摩集成館の鋳砲事業

薩摩藩では鹿児島市北部の磯公園内に、総合製作工場の集成館が建設され、海岸沿いに『西洋鐵熕鋳造篇』に設計図の掲載されている、オランダ式の高炉を建て、その南側に続くように反射炉四基を設ける計画であった。しかし焦眉の急を要する時期であり、完成を急いだため、試験用の小型反射炉は兎に角として、一八五三年の一号炉は建設中に傾いて工事を中止した。蘭書に詳述されていない基礎の部分が軟弱で過重がかかったためであろう。

二～三号炉は何とか操業できるものが造れたが、急場のため熔融しやすい青銅鋳造（俗に砲金と呼んだ）のものが主であり、銑鉄製のものは試作程度であった。これは不完全ながら高炉が造られていたので、幾らか銑鉄の鋳造に馴れていたからであろう。残存した遺物から見ても、製作の主力は青銅砲に切り替えられていた。この炉は一号炉より四年程遅れた一八五七～五八年に竣工したものである。四号炉は竣工を見ることなく終わった。

これらの設備のうち、高炉は英艦の砲撃で完膚なきまでに破壊され、反射炉は部分的な破損であったが、既に時代遅れの設備として取り壊された。

この高炉は稼働が短期間であり報告書が少ないので、幻となりかねなかったが、幸い独マーブルグ大学教授のＥ・パウワー博士によって佐賀県立図書館で安政四年に千住大之助の描いた俯瞰図が発見された。唯一の具体的資料とし

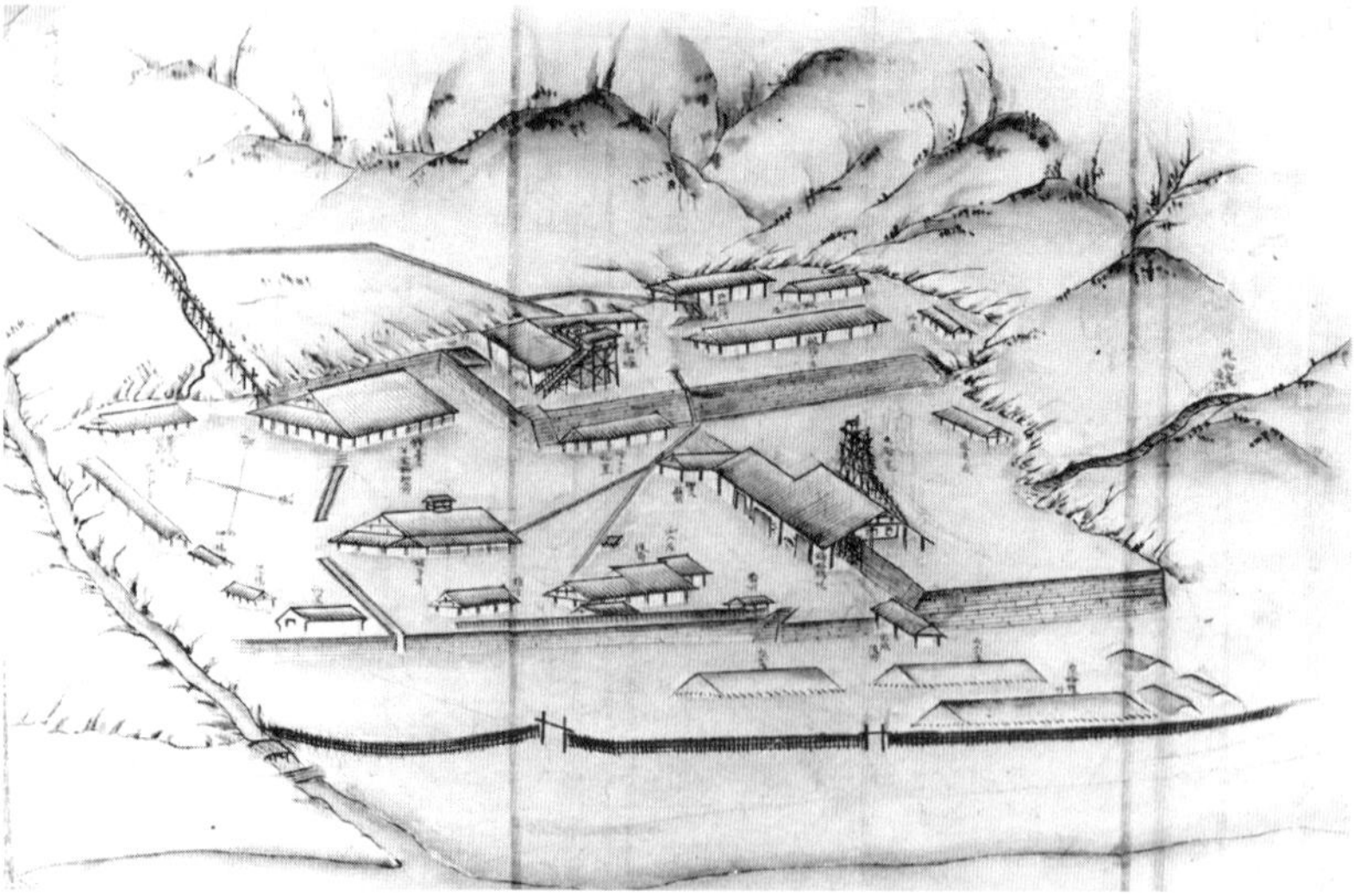

薩摩藩磯の高炉と反射炉（公益財団法人鍋島報效会所蔵）

て同博士は『日本工業化黎明期（日本の産業革命の原点として反射炉設備を中心に）』上下二巻で、全国の反射炉設備を網羅的に詳述しているが、その中の二巻三十三頁に唯一の具体的資料としてその「薩摩藩見取絵図」が紹介されている。

この高炉遺構は完全に破壊されてしまったが、反射炉遺跡や送水施設との関連から凡その推測ができる。反射炉の方は焦眉の急に間に合わせるため、製作困難な銑鉄砲ではなく造り易い鋳造の青銅砲が多かった。これは各地の砲台に運び込まれ、ここ四〜五十年の間に取り外されたものが骨董品として売買されたようで、薩摩藩の紋章である丸に十の字のデザインを陽鋳したものを、筆者も旧金属博物館などで幾つか見掛けた。

問題は反射炉より一年早く完成した洋式高炉の方である。遺構こそないが前記の見取り絵図を拡大してみると、釜石市橋野に残る高炉と比較して、寸法形状では大差の無いことが推測できる。ただ筆者の最も気に掛かっていることは装入原料についてで、宮崎県諸県郡吉田郷産、帖佐鉄山の鉄鉱石と頴娃・志布志などの海岸の砂鉄を利用したという点である。

鉄鉱石ならばさておき、砂鉄は丈の高い高炉のため焼結はしたであろうが扱いが難しく、特に鉄鉱石との混合装入としたら、鉱石を粉砕しても溶解の進行状況が異なるので炉中で目詰まりを起こす恐れがある。また焼結してもその不手際から炉中で砕鉱現象も生じたであろう。炉壁の内面が原鉱、特に混合された砂鉄のチタンによって摩耗することも考えられる。加えて水流を利用する水車送風の水圧・風量の問題等々、経験のある既存設備の活用に頼るところが大きかったはずである。しかし文献だけの知識による技術ではとても操業できず、当然青銅砲の鋳造が多かったと思われるが、それも地元工人の力を借りて試行錯誤の連続であったことが推測される。

このような焦眉の急務の折であるにもかかわらず、鋳鉄砲の製作は思い通りにはいかなかった。安政元年（一八五四）太政官符の「五畿七道の諸国司、まさに諸国寺院の梵鐘をもって大砲小銃を鋳造すべき事」が実情を暗示しているように、外国の文献を見ただけの知識で、鋳鉄砲が簡単に造れるものではなく、原料には青銅製品の梵鐘をはじめ鈴、鉦、燭台など、洗い攫い掻き集めての鋳砲であった。従って幕末の生産状況からして、鋳砲事業は各地で行われたが、青銅砲が主で、鋳鉄砲は僅かなものに過ぎなかった。

【補註】

基本資料『鐵熕鋳鑑』を安政三年（一八五六）に翻訳発刊したことで知られる金森錦謙は嘉永二年（一八四九春）に松江藩に蘭学御用として抱えられている。そして研究では同年秋には『萬国風説図』を書き上げ、『焼夷弾鑑上下』を献上、さらに緒方洪庵へ『鐵熕鋳鑑凡例』を贈り、本編全二十一冊及び同図面大小十三枚を献上している。

それらの功が認められたのか、安政七年（万延元年・一八六〇）夏にようよう士分に取り立てられ、同年末にはそれら原稿を製本して藩侯に献上。当時松江藩には釜甑方《かまごしきがた》に反射炉を建設して操業すべく、関係者に布達は出ていたが着工していたかは定かではない。翌年安政五年に入ると『洋砲秘鑑』とか『彩色雷銃図』『大砲迦蘭車之図』等々を発表し献上している。『雷銃新書』の版木は幕末の風雲急の中で大いに役立ったであろう。

しかし蘭学者・士分といっても身分は僅か五人扶持に過ぎない。文久二年武蔵において死亡しているが、体裁の良い知識人の使い回しである。短年月でこれだけの著書を著しているのに昇進もままならず、日の当たる役職にもつけず、武州の現場を飛び回っていたことが推察できる。

戊辰の役開幕の砲声

日本人同士が本格的に近代の装備を用いて、大量殺戮の戦を行った初めての戦乱こそ、有名な戊辰の役であるが、その開幕を告げる号砲の第一発は、京都洛南、伏見区中島秋ノ山町の、北側道路に陣を敷いた薩摩軍の発射したものである。

秋ノ山鳥羽離宮公園（北側）の石碑

鳥羽伏見の戦いにおいて、薩摩軍の本拠は京都南部の東寺であり、幕軍のそれは淀城といえる。しかし緊迫していた最前線の場所は、薩摩は曲水の宴で知られた城南宮から、西へ小枝橋の線に掛けてで、本拠は長州勢の駐屯していた東福寺、さらに薩摩軍は大仏辺りにもいた。延喜式に出てくる御香宮を中心に竜雲寺高地にもいた。幕軍は淀城を出て主力は鳥羽街道を北上し、東北進した。会津藩と新撰組は高瀬川東岸に陣を張った。

この中心部付近は現在鳥羽離宮公園となっており、

賀茂川東側より、小枝橋（現）のやや下手

七割方は野球場で北側の茂みの一部がフェンスで囲われ、そこに明治四十五年正月の建碑がある。ここここそ激しい戦の跡を示す秋ノ山の古戦場である。

明るい公園でそこだけが木陰の薄暗さを残しており、苔むした碑面には小牧昌業の撰文を、山田得多が揮毫したものが刻字されている。

「明治紀元正月官軍大破徳川氏兵於鳥羽街道於鳥羽之名益著矣時徳川慶喜在大坂城遣会桑等兵犯京師自鳥羽伏見両道進薩長等諸藩兵奉　勅守両道……三日没接戦於秋山下奪闘移時賊遂潰走。伏見亦同時開戦亦大克官軍」などの文字が読み取れる。この裏側を国道を横切って西から東へ走る小道が城南宮の真幡寸神社の参道であり、その間は僅か三百五十メートル、旧小枝橋からこの辺りを守る薩摩藩の兵は、東寺などの本隊を含めると五千以上だが、小枝橋付近の先遣隊は二百五十名と言われている。

なおこの小枝橋付近は現在道路を北へ移して架かっているが、旧形では賀茂川の茅の生えた河川敷。流れ幅も三十メートルから五十メートルで水量も少ない。しかし下手の賀茂川と桂川が合流する辺になると水量も多く時に暴れ川の様相を呈していた。従って後に高さ五メートルもの堤防が整備され、往時の面影は想像し難いが、旧家の物置にあった乾き切った川舟がそれを物語っていた。

この線に配備された薩摩軍の砲は四門。対する幕軍は大坂城・淀城は後備なので別とし、鳥羽街道を北上してきた主力は千二百名、砲も二門だけは備えていたという。一方薩摩藩側の先発隊は前記二百五十名程度であったが、通過交渉を引き延ばして時間稼ぎをやり、その間に援軍が急遽配備されていた。また幕軍側は高瀬川の東岸に会津藩や新撰組がいたが、指揮命令が不統一であり、戦闘地形としても不利を否めなかった。

この戦闘には幕府軍はフランス式四斤山砲（慶応二年にフランス・ナポレオン三世が、幕府に寄贈したと言われるもの。これらは日本の関口大砲鋳造所が製作する際のモデルとなったが、性能は今ひとつというところであった。恐らくすべて青銅製であろう）を使ったとされており、大垣・桑名藩も兵千名と共に砲二門を用意していた、しかし緒戦では秋ノ山の藤から散開したとはいえ、一本道を進んでくる幕軍は好個の標的であった。砲弾を打ち込むとともにその間に銃撃され、幕軍は多大の損害を出してしまい、赤沼よりさらに大幅に南へ退却せざるを得なかった。射程が僅か百メートルとはいえ改良された銃なら正に銃撃し易い近距離であった（明治九年長門、萩町に生まれ、昭和五十八年没の画家松林桂月が、官軍が対岸を敗走する幕軍に対して、正に大砲で射撃せんとしているこの付近の切迫した場面を想像して描いた作品を残している）。

幕府最後の抵抗乱戦

敗走する幕軍を鳥羽街道を南へ追い落とすとともに、薩摩藩は南下しながら長州藩と合流していた。薩摩藩改め官軍は城南宮より四キロ東南に当たる御香宮や竜雲寺周辺の高台から頻りに砲撃を加えた。兵力も合計で千以上に達し、さらに後には土佐藩も加担していった。一方幕軍は伏見奉行所に新撰組と浜田藩が陣取り、かなりの勢力であった。しかしこれも用兵のまずさから、個々には激闘を繰り返したものの利あらず総崩れとなり、敗残の幕軍は鳥羽街道と高瀬川沿いを淀城に向かって走り、途中勝景の地千両松などでも敗色の濃い中で激闘を繰り返したが、親藩松江藩までもが裏切ってしまい、薩摩軍の新鋭火砲の前には如何ともなし得なかった。

砲弾の現物を手に取ってみると大部分が漆黒の肌で、銑鉄鋳物特有の木目《キメ》の荒びが比較的少ない。鋳放しのものに少々手を加えた程度のものではなく、鋳型の段階から機械加工をしたものと推測される。寸法は写真のように極めて正確であり、長州の萩市椿にある庄司鋳砲所跡出土の鋳型などと比較して、到底日本製のものではなく舶載の精巧な品である。

恐らく歴史上は余り現れないが、西欧から死の商人達が好機とばかり大量の武器を携え、売り込みに入って来たことであろう。佐賀藩製のアームストロング砲が知られているが、当時薩摩藩は幕府が長崎のグラバーから購入したものを、横から強引に転売させ取得していたとも言われている。

淀駅北側の納所に現存する法華宗の妙教寺には、正月四日の砲撃で堂宇南面の壁を砲弾が貫通し、位牌堂の上部に二十×三十センチ程度の穴を明け、余力で本堂内陣の北側欅柱を貫き、さらに戸棚の引戸を若干傷つけている。その物凄さは当時の住職日祥上人の記述に詳しいが、その一部に、「中に巨砲有り、勢迅雷の如く、響は天地を動がす云々」とあり、これは当時最新鋭のアームストロング砲とも思われ、銑鉄鋳造の椎実形（紡錘形）のもので底部の径は八十五ミリある。

その現物は同砲の弾丸が砲身腔綫部を通過中に、弾道に捩れが与えられて有効距離を伸ばすとともに射撃精度を大幅に向上させていたもので、そのために弾体の基部に六個ずつ窪みをつけて、二段十二個の鉛玉を等間隔で打ち込んであるが、それらには発射の影響で僅か斜めに浅い捩れ状の条痕が残っている。

先端の信管部分は衝撃で外れたと見えて紛失しており、炸裂は失敗に終わっている。弾頭部の内径は二センチだが、内側に五センチ近くまで正確な雌ネジが切られていた。発射地点は淀小橋とされているが、その地は淀城を出て城郭内を北へ向かい淀小橋を渡った地点、現在北詰と呼ばれている場所のやや東側あたりと推定される。古地図などによって推測するに、同寺は北に向かって百〜百五十メートルの距離にあり、往時超新鋭と言われたこの砲も轟音からくる恐ろしさが先で、評判ほどの威力を発揮できたものでは無かったと考えられる（松井日胤著『妙教寺ものがたり』参照）。

もう一発付近の民家に同形のものが保存されており、事後には境内から落下した彼我の小銃弾多数が採集され、同

妙教寺　慶応４年（1868）
戊辰の役の弾痕

貫通柱（堂内北側）

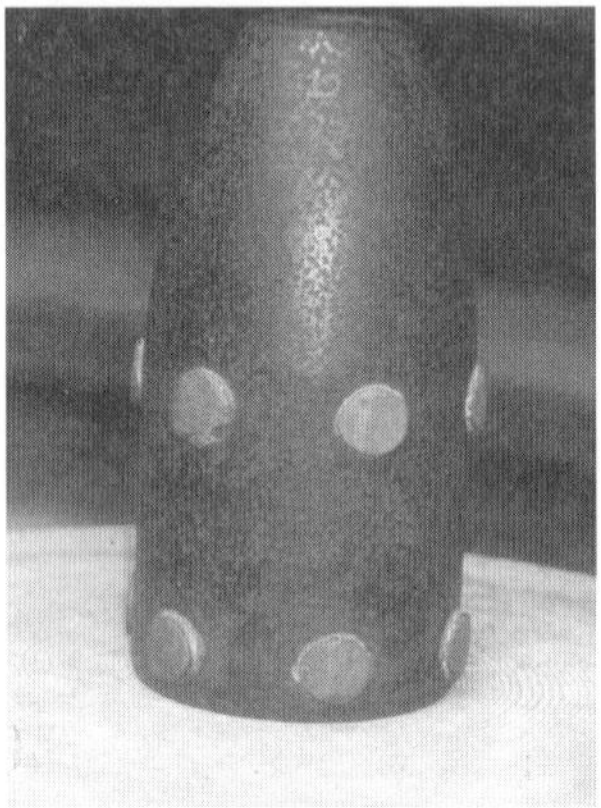

アームストロング砲弾
（鋳鉄製）

淀小橋付近から妙教寺への射程

寺の墓石には現在でも多数の弾痕が残っている。境内のその辺りには両軍兵士の霊を慰めるかのようにバンマツリの白く縁取られた薄紫の花が咲き乱れていた。

終末期に土州藩は勝敗の帰趨を察知して官軍に味方し、藤堂藩も裏切りを決め、幕軍に猛砲撃を浴びせてくるなどがあった。一方で幕軍の兵士は徳川への恩顧に肉弾戦で応えたが、外国製兵器の前にその差は如何ともなし得なかった。

しかも四日前に隊伍を組んで出撃した淀城は、戦況不利と見て冷たく門を閉ざしてしまい、昨日までの味方を受け入れようとはしなかった。

統帥の徳川慶喜は大坂より開陽丸に乗船して海路逃亡してしまい、敗残の士卒は主なき大坂城へ逃げ込む結果となった。一方征討大将軍に任じられ兵を纏めた仁和寺宮嘉彰親王の向かうところ、錦の御旗の前には敵無しであった。続いて有栖川宮熾仁親王が東征大総督となり、勝てば官軍で薩長にあらざれば人にあらず、凄惨な戦いは北へ北へと延びていった。トコトンヤレの歌詞の下で、末端の人々までが悲哀と期待を交錯させつつ熱気に煽られていた。

さて、舞台は江戸・東北へうつると、東北進した官軍は各地で小競り合いはあったものの、江戸無血開城を果たした後は一瀉千里の勢いで軍を進め、東京円通寺所蔵の「上野彰義隊絵巻」では寛永寺黒門を入ってすぐ右手に大砲一門、中央に一門、右端裏木戸の表側にも一門が描かれている。このとき官軍は不忍池畔の高台にあった富山藩邸の中から佐賀藩製のアームストロング砲で、池を隔てて八百メートル先の東叡山に向けて発砲、日本の最高水準の砲はその威力を遺憾なく発揮、と言うが射程から考えるとこの記載にも誇張があろう。

江戸を去るときに長岡藩の河井継之助が購入したガトリング機関銃の威力もその実力を発揮する暇も無く、官軍の信濃川渡河という奇襲の前に敗れている。もし実戦で使用してみても故障が多く、若干射撃しても使えたものではなかったのではなかろうか。

【補註】

（一）一八九四～九五年頃に日本軍が使っていたのはまだ青銅製の射程距離も短い野砲や山砲で、鋼鉄製になったのは明治三十一年である。有坂中将の設計であるが、当時は砲身固定式のものがやっとであった。

（二）米国映画の話であり、武具の仕様など十分に考証推定されたものであろうが、筆者は次のような場面を見た。それは十八世紀後半の米国独立戦争の時代設定で、ローランド・エメリッヒ監督の製作による『パトリオット』である。

その一場面に大砲射撃のときに、兵士の近くの斜面を、着弾した砲弾がゴロゴロと数メートル転がっていくのが見えた。

轟音による敵方兵士の恐怖心を煽る効果は大きくても、実害の方はうまく命中した箇所だけであって、まだ信管など大砲本来の力を発揮する炸裂装置が完全でなく、実際はそれほどの戦果をあげ得たものではなかったようである。

第八章　明治の鉄に対する認識

大量需要が贋造に拍車

日本刀は博物館や刀剣商の展示ケースで見られる超高級な名刀のみとは限らない。米国から放出された「赤羽刀」のような玉石混淆の軍刀類もある。名刀のみではないことを承知しておく必要がある。

横道に逸れた話になるが、昭和二十一年頃に筆者は復員後アルバイトで一時期木工職人をしていた。敗戦後の混乱期でもあり変わった人にも会うことがあって、その一人から日本刀の偽物造りの方法を聞いたことがある。

「まず器用な農機具鍛冶に刀の形状に鉄を鍛《たた》かせて、荒砥ぎをし、焼入れをさせるが、ここからが偽物師の本領で、まだ昭和初期当時のことであるから、農家に肥壷があった。その周囲にこれを何振りかグサリと刺し並べて三年。或いは汲取便所でもよいが、そうしておいた後に引き抜いて仕上げ砥ぎをかけると、鑑定の大先生ならまあとにかく、普通の好事家程度なら本物で通る。銘などは肌合いの関係で似通ったものを参考に鏨《たがね》で截《た》てばよい」というものであった。

終戦間際の将校の軍刀が大部分は乱造したもの、といった時代ではなく、昭和十六〜十七年代のまだ士気盛んな頃の話である。

外国で日本の刀剣ブーム熱が高いのを幸いとして、便乗して偽物造りが横行していることは周知だが、それでは明治以降日本国内ではどのように推移してきたのか。偽物とまで言われないまでも軍用に量産されたものや、贋銘を截ったものなどが多数出回っていた。それらについて有名無名のもの十振りをあげてみる。

村田刀　輸入小銃に代わって陸軍の制式小銃となった村田銃の発明者である、陸軍少将村田経芳氏（天保九年・一八三八〜大正十年・一九二一）が開発した日本刀を指す。明治期のもので錬鉄を素材とし丸鍛えで油焼入れであった。

上海バネ光《みつ》　上海の日本軍工廠で自動車のスプリング鋼あるいはクランク・シャフトを打ち直して鍛刀。刀としての風味は無いが、下士官刀として乱暴に使えよく切れるというので広く実用になった。

満鉄刀　撫順の工廠に勤務していた人の話では、この刀は海南島のハイマンガン鉄鉱石をロータリー＝キルンで還元させて造った鋼を皮金とし、芯を軟鉄で造ったもの。俗に満州鉄道の古レールが原料というのは間違いだと聞かされた。この呼称は原料に関係なく鍛造地からつけられたようである。

金研刀　この刀は東北帝国大学工学部で創案のタフハードン鋼。戦時中東洋刃物で熱処理をしていたという人から聞いたが、仕上げは食塩溶液の中に漬けて通電・加熱していた、塩浴・ソルトバスで八百八十度程度に加熱、焼入槽で熱処理をしていたという。満鉄刀と金研刀は電動ハンマーによって鍛造が行われていた。別名を振武刀ともいう。

振武刀　神風特攻隊員に出撃時支給された小刀で、護身のお守りのように紐で首から下げていたという。鉄板を切り抜いて鍛造したもので、名称は厳《いかめ》しいが製作に関しては向鎚はなく、一人作業で造ったものである。体当たりの自爆攻撃では自決の暇はなく実態は形式だけのものであった。

海軍用短剣　乗艦などの海上勤務が多いので錆に配慮した十八・八ステンレスでは切れないので、十三クロームのステンレス鋼を鍛造して造ったものであった。この海軍用短剣供給のために、横須賀に近い鎌倉の地に天照軍刀鍛錬場が設けられていた。

長運斉江村の刀　別名を一龍斉長光の刀と言うが、これには造刀を巡って風変わりな噂がある。それは刀匠が岡山刑務所の看守であり、かつて叢雲鑪で働いていたとき、同所の柳原源太郎・神明入道芳光の弟子となって技術を会得、後に鍛刀に従事したものである。そのため刺青をしたような囚人を先手《サキテ》としたと噂された。巷説の妖刀村正のような刀が出来上がったわけである。これは偽日本刀というより刀に纏わる伝説の一つであろう。

外国での珍しい作例　「皇紀二千六百六年為李某々」と銘文が切られたものが海外であったと聞いた。本当だとして、大韓民国元年なら理解できるが、敗戦直後の反日抗日の嵐の中で、しかも日本では刀剣鍛冶が軍国主義と弾圧されていた時代である。どうした経緯でこのようなものが造られたのであろうか。中国でも戦時中現地調達の刀を製作時に覚えたものか、瀋陽という銘を切ったものがあったという。あきれたものには偽刀の銘文が明朝活字体のものもある。

米軍接収の刀剣　ＧＨＱは第二次世界大戦終了時に膨大な量の日本刀を接収して、赤羽にあった米軍の兵器補給廠に集めていたので、これらの刀は「赤羽刀」と称された。そのうち五千五百振は日本に返還されたが、戦後六十余年の歳月を経ており旧所有者不明の物が多く、平成七年に「接収刀剣類の処理に関する法律」が成立、その大部分が公共展示施設に割譲された。しかし前述のような経過を経ているため、銹害の甚だしいものが多く、一部には素性の判明したものもあるが、良く言っても玉石混淆の誹りは免れない。

某名家に伝来の刀剣　これは三十年程前筆者の親しくさせて頂いた旧華族の話である。同家に伝わった多数の刀の内大部分は売り払ったが、一振だけ正宗と伝えられた秀逸な作品が家宝として残っていた。これを経済的事情で手放すこととなり、鑑定家に見てもらったところ、何とこれが真っ赤な偽物。説明ではこうしたものは非常に多く、特に正宗は多いとのことで、評価額は希望価格の二十〜三十分の一にもならなかったとのことであった。

今日では日本刀が武士道精神の象徴ではなく、多分に投機の対象となってしまった。現在も将来も偽日本刀の氾濫は残念ながら已むを得ないことになるのかも知れない。

斬り込みの直前に

敗色はすでに濃く、戦雲只ならぬ昭和二十年八月初旬の某日、いざ斬り込みの準備に入った。しかし筆者の所属した部隊に百六十人分の兵器は無く、兵員に対して銃剣は七〜八人に一挺、下士官刀が十振ほど、自前の軍刀も特攻艇乗組要員は二尺以下のもの。これはエンジンルームの隔壁と操縦者の腰までの寸法である。山間の営庭に集まった各自には銃だけ、剣だけ、弾丸もその乏しい銃一挺に十発程度。ゴボウ剣も人数の三分の一程度。これが部隊の兵器の全て、将校・下士官の半数が〝㋹〟特攻艇要員であった。木造の人間魚雷艇による瀬戸内海結合作戦、豊後水道での肉弾突入戦である。偉い人の書いたものとは大分違う。

そのときに驚いたのは南方帰りの下士官が刀を営庭の隅にあった土手に突き刺して力任せに抜き刺ししている姿であった。博物館や刀剣商のウィンドウで光り輝く立派な刀を見ただけの筆者には、手入れでなく傷つけているような乱暴な姿が何とも驚きであった。

「芝居じゃあるまいし。刀は人を斬るものだ。お飾りじゃない。こうして肌を荒らしておかないと、いざ実戦に役立たないんだ」そう口走る下士官の目は血走っていた。剣道で何回か竹刀を振りまわした程度の筆者の耳に、その言葉は強烈に響いた。それから三〜四日後に九州の宮崎県油津（現日南市）で終戦・復員を迎えた。

このときの印象で名刀と呼ばれるものは数が少なく、過半数は形だけの急造のものであることを知った。軍国主義一色の時代、陸軍の将校は成り立ての新任少尉・中尉まで、それでも権威の象徴のように吊って闊歩していた。今日になって考えると、幕舎に斬り込んだとしても精巧な米国の自動小銃に対抗できるものではないと思うが、昭和二十年の夏では玉砕になってもここ一番と、そんな心理状態であった。

戦後日本刀は美術品・芸術品として少量が蘇った。しかし戦時中乱造した折の刀剣の技術が海外に流れ、外国人が模倣して製作したものが逆輸入されてくる時代となった。航空機の進歩は地球を小さくし、中国東北部や欧米をはじめ各地で類似品が作られ、中には付加価値を高めようと外装のみ日本で、というような国際的協業のものまで出現している。もう次世代の人々にはこれらの選別はつかないであろう。

名刀の鍛造も凝り過ぎると

戦時中の日本刀には錫が入っているから凄い切れ味になると言われたのは、緊急時で大鍛冶場の鍛冶炉にブリキ屑が混入されて造られた庖丁鉄の化学分析データを見た外国人が早飲み込みした誤りである。鋼鉄に錫が混入すると高温で鍛造するときは脆くなり割れが出る。また鉄鉱石製錬の場合には鉱床の関係でかなりのものに銅が含まれており、これも多いと圧延や曲面加工したときに判るように剥げ疵を生じ、鍛造では割れの原因になる。前述のように鋼に錫が混じっている刀剣は果たして名刀と呼べるであろうか。『淮南子』の巻五本経訓によれば、これを鍛錫の剣と呼んでおり、刀剣の真実を追究するのではなく、「刀剣を造るには彫刻の美を凝らして、錫を混ぜて黒金を飾り、時に明るく時に暗く、僅かな傷もとどめず、清冽霜のような文様が深く沈み……」と表現しているが、このような贅沢は文様の美を求める余りのことで、この点については中国古典らしく、「五行を節すればこのような事は治る」として行き届いた心遣い（?）をしている。これでは見てくれは美麗でも斬伐の実は劣るであろう。

刀と鉄の評価

雨森芳州の『たはぐれぐさ』（『随筆大成』所収・寛政元年・一七八九）に「五行のそなはる国から金銀銅を掘り出して、要るとも要らないともつかない贅沢品を輸入するのは良くない。鉄は日本のものが世界一なので、敵の武器に使われないよう昔から輸出を禁じている。しかし最近南蛮鉄の刃物を珍重しているから外国にも良い鉄がある。カラ（朝鮮）の鉄も日本より良いと言われている」とある。この一節は永享から天文辺りにかけての日本刀を大量に輸出していたことを知らなかったのか無視しているし、一方で外国産の鉄も評価して南蛮鉄の流入に注目したりしている。対馬藩の著名な儒学者として博学であっただけでなく、日朝間の情報通として知られていた人物であるだけに、短い内容だが面白い記述である（元金属博物館学芸員の野﨑準氏ご教示）。

なおこの中国向けの刀、後には鉄の輸出についてと言った方がよいが、時期によっては相当粗製濫造されており、室町期などには対明国用に作られた数打ち日本刀などは、倭寇防御対策とも言われ、その半面で購入した中国人が鋼素材として農工刃物に転用したとも言われていて、形は日本刀でも質の点では論外のものであったかも知れない。初期のものは別としてこの種の刀は少なくとも輸出最盛期で、しかも明側から買い叩かれて（一振りでなく一束単位の売買）、高値の時期の取引の何分の一という低価格になった時代には、原料の鉄の質の面だけを見ても、必ずしも新製の鉄ではなく再生（くず鉄を叩き直したか集めて卸した）のようなものであったかも知れない。日本刀と名がついて商売となれば名刀ばかりとは限らず、そこは商売人で注文があればそれっとばかりに売らん哉の品物が氾濫し、ピンのものもあればキリのものもあったはずである。

【補註】

『諸国問屋再調』は嘉永五年に問屋組合で調べたものであるが、八品商売人として古鉄屋の新古現在の人数が九百六十四人と記されている。これは銑鉄・鉄鋼にかかわらず不要鉄材を買い集め、鋳物はコシキで再生銑とし、薬鉄・棒鉄などは再鍛造して所要の品とし、それが商売になっていたことを示している。

超貴重品の玉鋼

玉鋼の名称が使われ始めたのは、明治期になって軍工廠が、砲や弾に使用するため山陰の鑪場から購入していた頃鋼の材質が非常に良かったため、大口需要家の軍工廠での呼び名が通称になったと言われている。しかし明治二十三年に釜石銑がイタリアのグレゴリーニ銑を弾丸性能試験で凌駕した話は聞くが、上級頃鋼について具体的な話を聞いたことは無い。

それにしてもこの玉鋼という呼称、明治初期の短期間に納入元の鉄山経営者から始まって、またたく間に鍛冶屋、刃物業者、そしてそれを使う大工・指物師・木地師まで超スピードで知れ渡ったのは、その浸透が余りにも早すぎる嫌いがある。大正年間から昭和前半など木工に携わる職人の社会では、玉鋼打ち（製造）の工具を持っていることが、棟梁・親方クラスの自慢の種であった。そこで気になるのは鑪の操業実験で大小を問わず、還元鉄の塊が造られたとき、その表面に、それほど多くは無いが仁丹粒状の、良質な還元鉄が付着していたことである。

熱処理が不可欠の鉄刃物

刃物の熱処理については次のような段階がある。

焼入れ＝材料を変態点以上の高温に加熱した後に、使用目的により水・湯・油などの焼入れ液の中で急冷し硬化させる技術。冷却の速度が速いほど硬く硬化するが、反面脆さが出て刃が欠け易くなる恐れがある。

焼戻し＝焼入れをした鋼材は前記のように硬度が高くなるが、脆くなってしまい内部に残留歪があるので、その欠陥を除くため再度低温から中温域の範囲近くまで加熱し、徐冷することでこの欠点をなくす。

焼鈍《なま》し＝これも素材を一定時間加熱し、その後に徐冷するもので、対象物中にある成分の拡散・軟化・転位をおこさせて、内部応力を取り除いたり吸蔵されているガスを除いたりする目的で行われる必須の処理である。

「正宗も焼きが落つれば釘の価値」という諺は、熱処理の難しさを教える一面を持っている。また「焼き入れは怒ってやれ」と言うのは迅速な処理作業を指し、「焼きが廻る」は反対にノロノロとしていて締まらない作業振りを表現している。

余談になるが、「蚯蚓《みみず》の細切れと大根下しで焼入れした鋼は他の鉄をあたかも鉛を切るように切断した」と伝えられている。これと似た話を筆者はフランス、ポンタムソンでの学会の帰途、旧西ドイツ鉄鋼協会のフーゼン常務理事との雑談のときに、気軽な伝説話であったが聞いたことがある。それは「西欧では剣の焼きを入れるのに何と奴隷の太腿、しかも女性のがよい、と灼熱したものを突き刺した」と言われた。これでは生きて助かったとしても脚が不具になってしまう。時代が進むとこれでは余りにも惨酷だと廃止され、砂糖大根がそれと同じ効果があると、成分なのか形状なのかはとにかく、それに代わったという、見てきたような、整合性のあるような無いような珍談であった。もっとも日本についても同じ主旨が「倭人は人血をもって焼きを入れる」と漢詩にある。しかし砂糖大根が量産され普及したのは、ドイツに端を発し十八世紀の半ばころとのこと。この辺から出た道徳塗説ではなかろうか。

【補註】

（一）筆者は唯一回だけ刀の熱処理らしいものをやった経験がある。それは終戦で帰宅したときのことであった。備前忠吉の脇差が、見事に戦災で焼身になっていたので、父と使えるように焼き直そうと考えた。当時は進駐軍の取締りで長物は煩いので、鏨で二つに切り山刀用に仕立てたのである。

設備とて無く、古い魔法焜炉に放出干葡萄の空き缶のみ。燃焼温度は父の勘でやった。焼入れ油はマシン油だが、これに青酸カリを加えるとよく焼きが入ることを知り、昭和二十年夏に復員後玄関先に置いてあって、「敵兵侵入の場合は、大和撫子は辱めを受けることなく、これで身を処すように」と赤い字で印刷された三～四センチ角の袋が二つ三つあったので、それを開封して使った。焼戻しは前記の焜炉で金網を使い適当に浅く焼いて処理した。

猪や鹿の猟にはとても重宝し、兎を捕ったときの血抜きにも使ったが、父の死とともに山刀は所持許可を取り消され、凶器として警察のお倉入りとなった。

（二）トルコの国旗にも描かれている新月鎌とも呼ばれる、あの大きく湾曲した鉄製の鎌は、真直ぐな日本の農業用や草刈り用の鎌とは随分形が違うが、一体どのようにして熱処理をしていたのであろうか。

調べてみたら現在この国でも、鍛冶炉はシルクロード沿いによく使われている煉瓦積みの裁頭角錐形のものが主であり、隣の石と粘土で固めた台の上で鍛造し、成形加工が終了すると、引き続いて焼入れがされていた。その冷却油は廃品の一斗缶に入れた使用済みの自動車の古いエンジンオイルで、これを貯めて使っていた。そしてこのドブ漬け式の焼入れの後で、若干の加熱をして今度は水をかけて焼戻しを行っていた。

燃料はコークスで加熱温度は全く職人の勘によっている。なお写真の当時六十二歳のアンカラ市在住の職人は、前記のような加熱炉に中世の型に近い横型円筒式の革吹子を取付け操作していたから、幾分でもトルコ伝来の古い技術を知っていたものと考えられる。

曲がり鎌の熱処理
（アンカラの鍛冶師）

（三）鍛冶の作業状況を細かく描写しているのは大日本帝国国立銀行紙幣新券で、明治十一年七月二日に発行されたものである。当時国立銀行は百五十三行設立され、その紙幣は大蔵卿の認証の下で発行されたが、丸印の中に第三十六国立銀行の刷り込みがあり、発行責任者である谷合弥七と岡本平兵衛の名が見える。図柄は親方は片膝を立てて、右手は小鎚を握り、左手で箱吹子を操作している。先手は大鎚を振り上げており、見習い小僧は二人の手許を見つめている。なお、製鉄に関連した貨幣をあげると、国立銀行紙幣旧券の明治六年八月のものには弐拾円券で頭取毛利元徳、支配人中村清行名義で、八頭大蛇、素戔嗚尊の図柄も使われていた。当時は紙幣に採用されるほど、昔の神話や古い技法でも金属の生産は必須の産業（技術）として重要視されていたのである。（吉川弘文館『日本歴史百科辞典』参照）

近代の大径鋼管設備でも無理

筆者が勤務の関係で製鉄工場を見学した経験では、鋼を素材として大砲を造れるのではないかと思った機械設備は、昭和四～五十年代でも大型の鍛造機かプレス程度であった。外径が三十数センチもあり、長さが三メートル以上もある大砲に似た筒状のものを製作するには、溶接の溶け込みが浅く至難の業であった。十センチ十五センチといった超肉厚のパイプなど想像もつかないものである。まして今から四百年も前の、慶長年間に家康の至上命令で製作したという大筒は、職人の鍛造技能が師匠から弟子に至るまで熟練していたとは言っても、甚だしい肉体労働であり首を傾げざるを得ない。最新の検査装置で調査したならば、鍛造組織などの点でまだいろいろと判ってくるのではなかろうか。

素人考えでありしかも話が横道にそれるが、筆者の廻った当時の製鉄所では、すでに新鋭設備で大径鋼管を量産していた。しかしこれらは用途に応じた民需品の品種であって、例えばＵＯプレスでも板厚二センチ程度で、接合部を深溶け込みの電弧溶接で加工していた。斜めに巻取って溶接していくスパイラルパイプは、もっと薄肉であった。強いて言えば砲身に似たものが造れるのはジンガープレスか継目無鋼管設備で、これらの工程を肉厚のうちに砲用に変えれば、やや転用できるかもしれないと言ったところであろう。それも昔なら火薬の力が弱かったろうと計算してのことで、素人の思い付きである。

こうした余りにも無理な発想は、筆者がパキスタンで、超小規模・八坪程度の兵器工房を見たことからの妄想である。ユージン・セジュルネの押出設備も砲弾や小銃部品などならよいが、大砲の砲身には到底無理な話である。これらの設備は平和産業として五十年程前に設計されたものであり、転用は非常に難しい。まして四百年も前ではこのような機械設備があるべくもなく、夢のまた夢の技術である。

往時大砲のような大きなものを造るには、鑪炉よりも一回り大きな装入引出し設備をつけた加熱炉が必要である。熟練した鍛造工が数人いたにしても、果たして大鎚一丁宛で叩き合ってこれほどのものが、できたものであろうか。一口に庖丁鉄のような素材を瓦付けしたと言うが、鍛造中に温度が低下したら鍛着し易い低炭素物にしても、再加熱するにはどのような方法で実施していたのであろうか。

鉄の使用普及と知識の向上

双頭のレール……断面が8の字型の鉄道レールなどというと、もう鉄道マニアでもない限り知る人は少ない。これは欧州の産業革命期のレールが、パッドル法で造った軟質の錬鉄を使用していたため、レールや車輪が摩耗した場合に磨り減った車輪を取替えず、レールの方を上下逆さに引っくり返して、もう一度使えるように工夫したものである。区間も短かったからであろう。大蔵省の貿易統計によると明治十三年に三百五十トン、十四年に千七十二トン、十五年には四千九百九十八トンのレールが輸入されている。しかし残念ながらレールの形状種別までは分かっていない。また明治元年から十二年まではレールの輸入は計上されず、そのまえは古鉄材の扱いだったようである。
一方使用の面から見ると、大田幸夫先生の『レールの旅路』によれば、すでに明治五年秋に英国ダーリントン社製の双頭軌条を用いて、新橋〜横浜（正確には桜木町）間に敷設・続いて七年には大坂〜神戸間に敷設している。したがってこれらは行政上では古鉄の扱いだったのであろう。鉄質が錬鉄であるため炭素の含有量が低く、極めて軟質であって燐分がやや多かった。わが国では唄い文句の回転させての効率的な使用は、湿気のため銹化が甚だしく実施することはなかったとのことである。交通博物館に展示してあったカット＝サンプルを見たが、攪拌製錬のためか断面に微かに、生産過程での熔湯の流動した痕跡が認められるようであった。

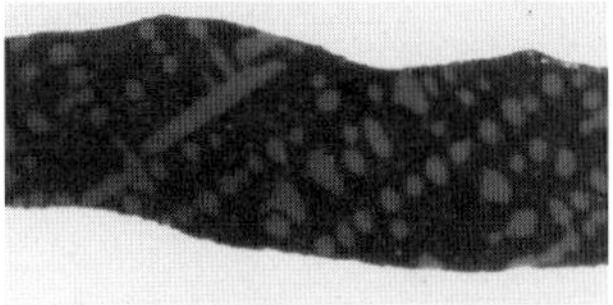

パッドル法による
構造の顕微鏡写真

鋳造鉄骨……鉄に対する認識での珍説は本多利明（魯鈍斎と号す、関流の和算家（一七四三〜一八二一））の『西域物語』の文章で、建築について文明開化の時代らしく「ヨーロッパ諸国の内、盛んなる国家は皆石造り也と聞く。」から始まっている。当時であるから二〜三階建てであるが、鉄の利用状態について「角柱および利目柱の部分は中心に鉄を通じ、二本石の如くするなり。」とあり、鉄の通し方について「石を長く四方に切り。」繋げるように準備して「風車を仕掛けて大風を待得て、各柱の中心へ錐穴をもみ通し」地盤を固めた上にこの石柱を重ねてから「上部に鞴を仕掛け、鉄を沸かして熱湯となし、この熱湯を流し込む也。」とある。往時のパリ辺りの構造物の写真だけを見て、想像を廻らせばこうしたことも考えられよう。今日なら何でもない鉄骨構造だが（施行上は錬鉄材のリベット止めが鋼材の溶接構造に変わった程度）、百年前には随分と捻《ひね》って考えていたものである。

日本初の海底調査器

長崎市の中心地・オランダ坂の近くを歩いていて、巨大なしかも妙な鉄製の箱を見掛けたことがある。一・五メートル角もある鋳物で、頭の部分には頑丈な鉄の鎖がついているが、横からも鎖を取付けることができる。現代では一見して用途が理解できそうにないこの箱は、オランダ名ルクス・クロック、日本名泳気鐘である。

幕末の出島未公開文書（「ドンケル＝クルチウス覚え書」フォス美弥子編訳）によると、一八三四年に将軍の発注で海送されてきたもので、当初大村湾の真珠採取に使えると考えたが、出島の倉庫入りとなった。安政年間（一八五四〜

長崎市に残る泳気鐘

一八五九）に、長崎溶鉄所が建設される際に実際に使用された。当時なりに海底の地形、地質を調べるための装置、いうなれば今日の深海探査船とも言えるような設備である。下から人間が入って水中に沈下させると、周囲に極く小さなガラスを嵌め込んだ覗き孔があり、視野は狭いであろうが、水が濁っていなければ何とか海中を視ることができる。実際に工事で使用したというから、ドック施行の土台廻りの地盤でも調べたのではなかろうか。

鉄分含有の泥漿でも製鉄

褐鉄鉱類を原料として素朴な炉で製錬をする、スウェーデンに古来からあった農民製鉄技法。その鉄は鋭いバイキングの刀剣というよりも、むしろ需要の多い農工具の素材になっていた。

日本でも古くからそれと同様なものが、名古屋地方で行われていたことが推測されていた。これは分かり易く言えば昭和十年代、飲料水に大部分が水道ではなく井戸の手押しポンプを使っていた時代、その口の部分につけた木綿の布袋で水を濾していたのを筆者は覚えているが、正に汲み上げた水ではなくその沈澱物の利用である。この布袋に溜まった金気、つまり赤褐色の泥漿を土地の人々はソブと呼んでいた。

これが如何なる発想経路からか、鉄源として利用されることになった。この泥漿を乾燥させて焙焼すると、質は劣るが赤鉄鉱を焙焼したものに類似したものとなる。したがってそれを還元あるいは熔解すれば、鉄を得ることができるわけである。まだ古代の的確な製鉄遺跡が発見されていないので、技術の実態は分からないのであるが、あるいはここれと関連するのかもしれない。名古屋の西に接する桑名が鋳物の町として昔から知られているのも関係があるのではなかろうか。
この点に注目したのは戦前の伝統主義者、故福士幸次郎氏で、すでに昭和初期にその著書『原日本考』で「田や沼の水にやや赤みがかった金気が涌いてくる。これを地域の人々は古くからソブと言い、名古屋市の西北にある中嶋郡の祖父江町などが、その良い例である」と庶民に伝えられた民間伝承を生かして史的考察を加え、神名から鉄産への関連を追及している。戦時体制であった関係から皇国史観的発想を取り込んだ解釈が窺える。同書では日本の各地を歩いて製鉄の創始に絡む地を『記・紀』や鉄原産地、さらに地名から追求し製鉄との結びつきの可能性を論じている。

こうした調査結果を、実験考古学的に裏付けたのは大同工業大学の横井時秀名誉教授で、周辺の該当地域の土壌を採集してきて、ペンキ缶の底を抜いて積み上げ、内部に粘土を貼って簡易な炉を成形し、この小型実験炉で製錬に取り組んでこられた。その結果電動送風で溶銑の試作に成功している。この泥漿の含まれる特有の不純物が、往古の銑鉄遺物に適合性を与えることも考えられるので、これが果たして名古屋地方に多数遺存している鉄仏鋳造と結びついてくるものか。今後の更なる研究が注目される。

ドロドロのソブ泥でも日干し乾燥や仮焼灼すれば、中近東並みの日干し煉瓦とまではいかなくとも、薄く固めた場合には低品位ではあるが、赤褐鉄鉱粉末の焼結に近い状態のものになる。含鉄品位や燃費の点から経済性は劣るが、鉄が貴重な時代なら再加熱・溶融などの技術によっては小鉄塊なら製造可能である。現在では少量の還元鉄の水準であるが、遡ってはもう少し多量に製造できたであろう。横井名誉教授の実験結果もそれを示している。ただこの場合、原料のソブ泥の産地によっては燐や砒素などが含まれる場合も無しとしない。もっとも少量の燐は鋳物に適するので、用途を選べば必ずしも忌避されることはない。

前記祖父江町の南方にある桑名市は古来鉄鋳物の生産地であり、両所を結ぶ中間の養老山地南部には桑名郡多度町があり、ここの多度神社は風の神、それも強い旋風《つむじかぜ》を伴っていることで知られている。トルコでは製鉄に利用された烈風ボアラがあり、恐らく地形の選択が重視されたであろう。日本の場合は少し遅れていたので原始冶金の送風機、風袋、精錬炉から来たものと思われる。神社の門前には金屋町のバス停があった。

【補註】
ブラジルやアフリカの鉄鉱資源が近年製鉄国の台頭に伴い注目されているが、露天掘りで採掘が進展すると熱帯雨林地域では深刻な環境問題が発生する可能性がある。

鉄滓、苦心の利用策

鉄滓《てっさい》、考古学ではテッシとも読むが、一般にはテッサイで通用している。シを「死」の発音に通じるものとして忌避したものであろう。現代の製鉄工場ではスラグで通り、現在の分類によると高炉滓、転炉滓などと生産設備名で普通は呼んでいる。

古代製鉄地帯や山間部などでは金糞が俗称であり、筆者が調査に出かけた山間聚落などではこの金糞でなければ通用しないことが多かった。まれには鬼の団子などと言った呼称もあるが、すでに僻地でもこのような表現を知る人は極く少ない。まして製錬滓や鍛冶滓の別などは……。

筆者が調査に出かけた昭和三十二年当時でも、島根県能義郡の広瀬町辺りではまだ農道にこの鉄滓が落ちていて、草履や裸足で歩くため足を傷つけると厄介者扱いであった。埋立てて処理するようなことも無く、まれに農地に埋め込むと鳥取県日野郡道ノ子宝生山入口のように、炉底跡と同様そこだけは稲の生育が悪い状態を呈する始末であった。

日野郡道ノ子宝生山入口の炉跡（跡地は稲が生育せず）

また戦時中の資源として採集されたものが、路傍に積み上げられているのも、鳥取県の山中の床無鑪遺跡で見た。大戦中に採集した跡地であろう。積み上げた鉄滓の傍らに朽ち果てた金屋子神の小祀があったのも、忘れ去られた鉄山廃墟の鄙びた感じを一層強くさせていた。

　もっともこうした技法は第二次大戦中に急に出現したものではなく、海外では欧州ベネルクス地帯、マース川とライン川に挟まれた高地Venn の、古代ローマ時代に堆積されたと言われていた鉄滓を、シャルルロアの高炉の装入原料として回収していた例がある。また明治中期に故小花冬吉先生やその後を継いだ故黒田正暉先生の研究成果を生かし、官営広島鉄山の苦境脱出方法として採られた比婆郡東城市の門平工場を筆頭に、帝国製鉄㈱三成、さらに続けて建設された大暮（山県郡芸北町）工場、現在に残る鳥上木炭銑工場が、本格的なものとして建設されたと言うことができよう。しかし鉄滓の枯渇と割高についたコストは、時あたかも戦時期に入っていたとはいえ、角炉の操業を維持することが困難であり、特殊用途に供給される戦力増強のための物資であっても、継続していくためには、鉄滓からの効率のよい砂鉄への転換を余儀なくされてしまった。東北では鉄滓のことを現場用語であろうが残鉏《ざんそう》と呼んでいた。

思い出の反射炉・再三の地震や暴風で補修

反射炉は静岡県田方郡韮山（現伊豆の国市）の遺跡と代官江川太郎左衛門の名で良く知られ、戦前は軍国主義の関係もあって小中学校の修学旅行生が見学に訪れたもので、八十歳を越えた関東地方の方はよく知っておられると思う。大砲の鋳造をした幕末の施設ということで、子供心にその威容を見上げたものであったが、そこは小中学生であり、歴史の片鱗を覚えただけで、桜の木の下で先生や友人と弁当を食べた思い出に留まっているのが普通である。

来訪した人々には四本煙突の赤煉瓦積みの巨塔が嫌でも目に入って来たことと思う。しかし昭和になってから見られたものは、慶応年間のそれではなく、丁寧な補修加工が施されていたが、これらは何度もの台風や昭和五年の北伊豆地震により、煙突二基の上部が破損してしまい、表面に塗られた漆喰も剥げ落ちてしまっていた。かつては白亜の塔だったはずが赤煉瓦の塔となっていて、注意してみないと痕跡も見えない。岡山市の大多羅反射炉遺跡を歩いていて、耕地の中から漆喰の破片を見つけたことがあるから、ここでも使用していたのであろう。

炉体に廻らした鉄帯は、取り外されて付近の小屋の前に放置されていたが、私が十四歳の当時は確かに存在していた。戦中の一時期に鉄資源を回収していたので既に処理されたようである。当時でも周辺は水田化し、農家が二、三軒点在しているだけで、既に昔の面影は微塵もなかった。しかも炉体保存のため山型鋼が使われており、長方形の枠が付いただけでなくその中にX字形の筋交がついているので、強化にはよいが稼働していた頃の情緒は全くない。

なお周囲に展示されているコンクリート製の模造大砲はオリジナルが青銅か銑鉄か全く分からない。青銅製だとはっきりしているのは砲腔が浅い臼砲だけである。

反射炉の通風状況に関する絵をここで見たのは昭和十五年頃のことで、高等科二年のときであった。遺跡の西側に

韮山反射炉外壁（漆喰の取れた部分）

あった桜の木の脇に立てられた、数枚の説明板の一つで確か新聞紙大のものにペンキ画で、吹子踏みの人足が嶋板を踏んでいる姿であった。風は木呂を通じて反射炉手前にある通風孔に連接して、片側では三～四人の屈強な人足が上部の枠から下げた縄に吊り下がって片足に力を入れて踏ん張っていた。これでも風力は不足したのではなかろうか。恐らくこれは明治初期に操業を見聞した人の話から描かれたものであろう。しかし、本来反射炉は機構上吹子を使わなくても風を吸い込み、操業ができるはずの物である。当時超最先端の技術であったオランダ式の反射炉に、日本の鋳物師が使う旧式の板吹子を組み付けたというのは理論的におかしいのではないか、という先生方のご説もある。

確かに学問的にはその通りである。江川太郎左衛門英龍配下の幹部も矢田部郷雲などの蘭学者をはじめ俊英揃いのプロジェクトチームであり、かなり知識水準は高かったものと思われる。しかし膨大な幕府の予算を使って築いた炉の稼働は、焦眉の急となった防衛のために用いる備砲の緊急要請で、十分な試行錯誤をするだけの余裕が無い事態になっていた。

とすれば当然理論はどうあれ、一門でも多く造る方が先決、製造しながらの学習となり、理論通りの操業はその後のこととなった。従って英龍が佐賀へ操業技術の疑問点を照会した当時は、既に火入れをし操業を始めた後のことであり、遺存文献によると、ここでも通風の件に触れており、この部分が理論通り順調に稼働できれば、人工送風は不要であって教えを乞うような必要は無かったはずである。ここで沼津の鋳物師達を登場させ、原料素材の大部分は熔解し易い青銅を使って、大形甑炉の操法に依存し、何とか青銅砲を完成させた。従って稼働開始以来鋳造した砲は、鋳鉄砲は僅かで、大部分は青銅鋳造砲だったというデータも、石見銑の使用を止め、大島高任の手になる釜石銑を海送させ、燃料も石炭に切り替えて火度も上げたが、活用は余りできなかったことを裏書しているものであろう。

流出した鉄滓と銅滓

韮山に二度目に訪れたのは昭和三十二年であった。前記の修学旅行で訪れてから二十年近くが経過していた。当時案内して頂いた故稲村友作氏はまだ六十歳位だったと記憶しているが、お元気でお茶と羊羹のお土産物屋をやっておられた。韮山反射炉のことをもっと詳しく知りたいと言う筆者に、大正から昭和初期の子供の頃の印象を話されて、「私が十歳位の頃には、この川の辺り、五十メートル位上手には輸送してきた銑鉄を一旦溶解して、断面三角形の溶解室に装填するのに便利な形にしていた小屋があったはずです。なお溶けた金属屑か或いは砲身の切削屑か、とにかく青銅の屑が一杯落ちていて、簡単に魚釣りのバケツ一杯位拾えたものです。すると時折屑屋さんがそれを買いに来るんですよ。駄菓子を買う小遣い程度にはなりました。銅の屑ばかりで鉄は買ってくれなかったし、量がずっと少なかったので縁の下に放り込んでおいたんです。鉄の大砲を研究するのでしたらこれをあげますからお持ち下さい」、と十センチ弱の塊を下さった。これは硅素・カルシウムなどの溶媒成分が多く、部分的にガラス状を呈した赤銹交じりのもので、その塊は製錬滓半ばどころか、判り易く言えば銑片と石灰片が溶け合った程度のもので、鉄滓どころかそれらが混ざり合って失透の状態を呈したものであった。

こうした金属屑のエピソードから推定しても、実際に製造された大砲は溶かし易い青銅が中心で、鋳鉄製の大砲は造ったにしても小型で、数も僅かなものだったようである。

見学の際に溶解炉の中を横から覗くと、壁面には薄紫を含んだガラス状の鉱滓が、塗りつけたように奇麗な状態で

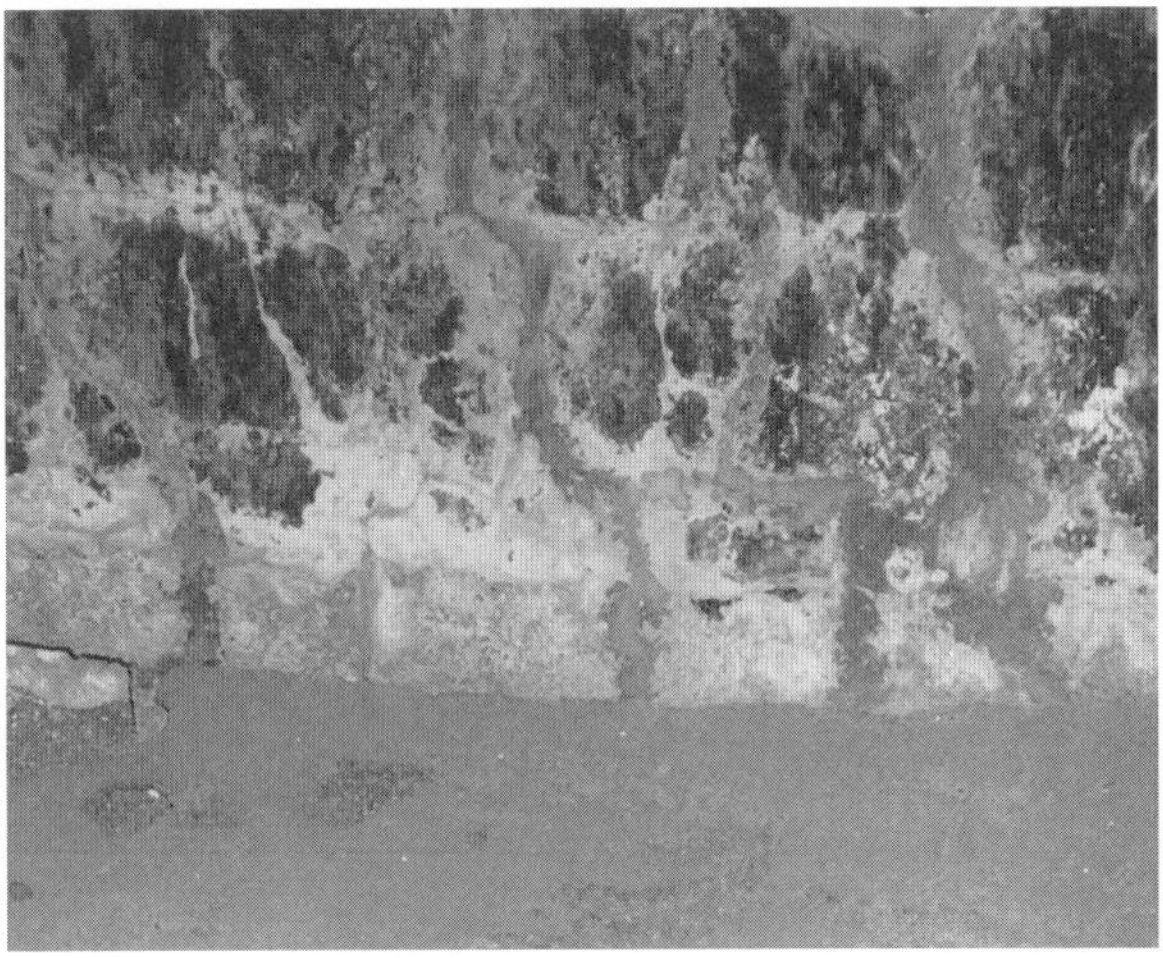

韮山反射炉内部（溶解炉部分）

見える。これらは稼働後期のものであろうが、その際銑鉄を溶融して鋳造をしていたならば、このような熔解室内の炉壁の立上りは見られるはずも無く、鉄滓混じりのものが多少とも付着していなければならない。それに銑の場合は青銅よりも大分溶解温度を上げるから、壁面に溶損の痕跡を多少でも残しているはずである。

終わりに

昭和二十三年から五十余年、われながら飽きもせずに長期間古鉄捜しのようなことをしてきたものだと思う。末期の軍隊で終戦により命拾いをして帰り、それからのことだから、今年はもう八十六歳で記憶を辿るにも後が無い。

全国各地の製鉄会社を歩いて見たり聞いたりしたこともあれば、線材や薄板、さては大きな鋼塊やコイルまで、どれにも触りまくり、仕舞いには火傷までしそうになったこともある。

その間に日本の鉄鋼業は廃墟から年産一億トンを超えるほどに飛躍したので、今では見られない明治期の尾を引く大正の設備まで、旧式の機械も沢山見ることができた。それでも素人は素人である。理論は分からないが、見聞したことを基礎として、見学記にいくらかの文献を足した程度のものではあるが、取敢えず最後の一冊として纏めた次第である。

執筆期間が長いだけに御厚誼半ばで故人となられた方も少なくなく、御冥福をお祈りする次第であるが、とにかく数え切れない大勢の方々に励ましご教示を受けた。思い出してみれば日本だけでなく外国の方々も多数で、スミソニアン博物館のヒンデル館長をはじめ多数おられた。トルコのアナトリア文明博物館主任学芸員のM・ドゥ氏などお元気で過ごしておられるかと思い出すことも屡々である。中国新疆ウルムチの張書林氏もお世話になった一人である。

小書を脱稿するまでに静火様という読者の方から、年に一回か二回電話を頂き、「原稿の進行具合はどう？　無理しないで頑張ってね！」と精々二分程度の僅かな時間で切れるが心の籠った激励を頂いた。また野﨑準氏には金属博物館時代からであるが、多くの情報や資料を送って頂き、特に東北関係については多数の教示をお願いした。最後は京都の写真関係まで撮影して頂き、また手間のかかるパソコンへの入力を手伝って頂き、感謝に耐えない。

鉄の文化史は新しい遺跡の発見例もあるし、ナノ時代を反映して研究方法もさらに進歩していくので、ここでは概略を示した程度に過ぎず、まだこの程度では雑纂の誇りを免れないが、以上で後学の研究発展を期待しつつ筆を置く。

著者紹介

窪田藏郎（くぼた　くらお）

＜著者略歴＞
1926年生まれ。2012年没。
明治大学専門部法科卒業。日本鉄鋼連盟に37年間勤務。富山大学、金沢大学、岩手大学（鉄鋼技術史）、東北学院大学（考古学特殊講義）の非常勤講師、金属博物館参与を歴任。

＜主要著書＞
『鉄の生活史』（角川書店）、『改訂　鉄の考古学』『増補改訂　鉄の民俗史』『鉄の文明史』『シルクロード鉄物語』（雄山閣）、『図説・日本の鉄』『図説・鉄の文化』（小峰書店）、『製鉄遺跡』（ニューサイエンス社）その他多数。

2013年4月25日　初版発行　《検印省略》

◇生活文化史選書◇

鉄《てつ》と人《ひと》の文化史《ぶんかし》

著　者　窪田藏郎
発行者　宮田哲男
発行所　株式会社 雄山閣
〒102-0071　東京都千代田区富士見2-6-9
TEL　03-3262-3231 / FAX　03-3262-6938
URL　http: //www.yuzankaku.co.jp
e-mail　info@yuzankaku.co.jp
振　替：00130-5-1685
印刷所　株式会社ティーケー出版印刷
製本所　協栄製本株式会社

ISBN978-4-639-02239-8 C0357
N.D.C.209　212p　21cm

■新刊案内

縄文の布―日本列島布文化の起源と特質―／尾関清子著　B5判　12600円（税込）

縄文・弥生時代石器の技術論的転回／上峯篤史著　B5判　15750円（税込）

シナノにおける古墳時代後期社会の発展から律令期への展望／西山克己著
B5判　12600円（税込）

日本古代氏族研究叢書2　紀氏の研究―紀伊国造と古代国家の展開―／寺西貞弘著
A5判　4830円（税込）

弥生時代政治社会構造論／柳田康男編著　A5判　7350円（税込）

渋谷学叢書3　渋谷の神々／石井研士編著　A5判　3570円（税込）

人文系　博物館展示論／青木　豊編　A5判　2520円（税込）

金石文学入門Ⅱ　技術編　造像銘・墓誌・鐘銘　美しい文字を求めて／鈴木　勉著
A5判　2940円（税込）

叢書　知られざるアジアの言語文化Ⅶ　黒タイ歌謡〈ソン・チュー・ソン・サオ〉―村のくらしと恋―
／樫永真佐夫著　A5判　6720円（税込）

氷河期の極北に挑むホモ・サピエンス―マンモスハンターたちの暮らしと技―
／G・フロパーチェフ・E・ギリヤ・木村英明著／木村英明・木村アヤ子訳　B5判　5040円（税込）